徹底攻略

試験
番号 SAA-C03

JN040265

# AWS認定
## ソリューションアーキテクト
## ―アソシエイト ［SAA-C03］対応

# 教科書 第3版

鳥谷部 昭寛／宮口 光平／半田 大樹［著］
株式会社ソキウス・ジャパン［編］

インプレス

本書は、AWS認定ソリューションアーキテクト−アソシエイトの受験対策用の教材です。本書の対象読者としては、AWS認定クラウドプラクティショナーまたは情報処理試験「基本情報技術者」を理解しているレベルを想定しています。

著者、株式会社インプレスは、本書の使用によるAWS認定ソリューションアーキテクト−アソシエイトへの合格を一切保証しません。

本書の記述は、著者、株式会社インプレスの見解に基づいており、Amazon Web Services, Inc.およびその関連会社とは一切の関係がありません。

本書の内容については正確な記述につとめましたが、著者、株式会社インプレスは本書の内容に基づくいかなる試験の結果にも一切責任を負いません。

本文中の製品名およびサービス名は、一般に開発メーカーおよびサービス提供元の商標または登録商標です。なお、本文中にはTM、®、©は明記していません。

## インプレスの書籍ホームページ

書籍の新刊や正誤表など最新情報を随時更新しております。

## https://book.impress.co.jp/

# まえがき

　2006年にAmazon Web Services（AWS）のS3サービスがリリースされてからすでに十数年以上経ちました。当初はS3やEC2などのストレージやコンピューティングサービスのみでしたが、現在ではAIやIoTをはじめとするさまざまな先端技術をクラウド上で簡単に利用できるようになりました。近年では政府におけるAWS活用も本格的に始まり、パブリッククラウドの先駆者としてAWSは確固たる地位を築いているといえます。

　この潮流のなか、AWS技術者の育成や雇用のニーズも世界的に増加しています。IT研修大手の米グローバルナレッジ社が2021年に発表した「15 Top-Paying Certifications for 2021（稼げる認定資格トップ15　2021年版）」によると、AWS認定ソリューションアーキテクト–アソシエイトは第3位であり、ニーズが非常に高いことがおわかりいただけると思います。

　本書は、AWS技術者への第一歩となる「AWS認定ソリューションアーキテクト–アソシエイト」の合格を目指す以下のような人を対象とした教科書です。2022年8月に開始された試験の出題範囲を網羅しています。

・AWSが提供する技術やサービスの全体的な基礎知識をしっかりと学びたい
・試験範囲を網羅したテキストを使って試験対策をしたい
・試験合格だけを目的とせず、現場で役立つ設計・運用も勉強したい

　執筆にあたっては、試験合格に必要な情報をきめ細かく調査・分析し、受験者の皆様が効率的に学習できるよう配慮しました。また、執筆者一同はクラウドの現場に携わり、エンタープライズシステムにおけるAWS設計と適用に関する豊富な知識と経験を持つことから、現場で役立つAWSのクラウド活用に関する情報も掲載しています。

　資格取得を志す皆様が、本書を十分に活用し、合格という栄冠を勝ち取られること、そしてその合格を手に、現場でAWSによるクラウド活用に、十二分に実力を発揮されることを心より願っております。

　最後に、本書初版の企画時から編集を担当してくださったソキウス・ジャパンの梶原様、西井様、水橋様、本書の執筆に関わるすべての方々に心よりお礼を申し上げます。

2023 年 1 月　鳥谷部 昭寛

## ■ AWS認定について

　AWS認定は、Amazon Web Services, Inc.が提供しているクラウド製品サービスに関するスキルと知識を認定する資格制度です。AWS認定を取得することにより、AWS上で動作する可用性・コスト効率の高いセキュアなアプリケーションの設計、開発、デプロイ、運用管理などの技術スキルや知識を証明することができます。

　AWS認定は、高度な専門知識が求められる役割ベースの認定と、特定の技術分野の高度な知識が求められる専門知識認定に分かれています。

　役割別認定の体系は以下の図のとおりです。

### 【AWS認定の資格体系（役割ベース）】

### 【役割ベースのAWS認定資格】

| 資格名 | 対　象 |
|---|---|
| クラウドプラクティショナー | AWSクラウドの知識とスキルを身に付け、全体的な理解を効果的に説明できる個人 |
| ソリューションアーキテクト－アソシエイト | AWSにおける分散システムの可用性、コスト効率、高耐障害性およびスケーラビリティの設計に関する1年以上の実務経験を持つソリューションアーキテクト |
| SysOpsアドミニストレーター－アソシエイト | AWSにおける開発、管理、運用に関する少なくとも1年以上の経験を持つSysOpsを担当するシステムアドミニストレーター |
| デベロッパー－アソシエイト | AWSベースのアプリケーションの開発や保守における1年以上の実務経験を持つ開発担当者 |
| ソリューションアーキテクト－プロフェッショナル | AWSにおけるシステムの管理および運用に関する2年以上の実務経験を持つソリューションアーキテクト |
| DevOpsエンジニア－プロフェッショナル | AWS環境のプロビジョニング、運用、管理において2年以上の経験を持つDevOpsエンジニア |

専門的知識認定には以下のようなものがあります。

- AWS認定 高度なネットワーキング – 専門知識
- AWS認定 セキュリティ – 専門知識
- AWS認定 機械学習 – 専門知識
- AWS認定 Alexaスキルビルダー – 専門知識
- AWS認定 データアナリティクス – 専門知識
- AWS認定 データベース – 専門知識
- AWS認定 SAP on AWS – 専門知識

## ■ AWS認定ソリューションアーキテクト－アソシエイトについて

　本書では、AWS認定ソリューションアーキテクト－アソシエイトを扱います。受験者は、可用性、優れたコスト効率、耐障害性を備え、スケーラブルなAWS上での分散システムの設計に関して1年以上の実務経験があることが推奨されます。

　試験の内容は4つの分野に分かれています。出題分野と試験における重み付けは以下のとおりです。

【出題範囲】

| 分　野 | 比　重 |
|---|---|
| 第1分野：セキュアなアーキテクチャの設計 | 30% |
| 第2分野：弾力性に優れたアーキテクチャの設計 | 26% |
| 第3分野：高性能アーキテクチャの設計 | 24% |
| 第4分野：コストを最適化したアーキテクチャの設計 | 20% |

### ●試験要項

- 試験時間：130分
- 模擬試験の受験料：無料
- 本試験の受験料：15,000円（税別）
- 受験の前提条件：なし
- 試験形式：多肢選択式
- 実施形式：テストセンター（ピアソンVUEまたはPSI）またはオンライン試験（ピアソンVUEのみ）

試験要項については、AWS社のサイトで最新情報を確認してください。
https://aws.amazon.com/jp/certification/certified-solutions-architect-associate/

## ■ 本書の活用方法

本書は、「AWS認定ソリューションアーキテクト−アソシエイト」の合格を目指す方を対象とした受験対策教材です。本試験の出題範囲に沿って、合格に必要な知識を習得できるよう、丁寧に説明しています。

### ● 受験対策のポイント

本試験では、顧客の要件に基づき、アーキテクチャ設計原則に従ってソリューションを定義する能力と、プロジェクトのライフサイクル全体を通じて、ベストプラクティスに基づいて実装する能力を評価します。

このため、受験対策において重要になるのが、「AWS Well-Architectedフレームワーク」の理解です(詳細は第1章で解説しています)。このフレームワークは、「運用上の優秀性」「セキュリティ」「信頼性」「パフォーマンス効率」「コスト最適化」「持続可能性」の6つを柱とし、クラウド活用時の設計やAWSクラウドのベストプラクティスをまとめたものです。

本試験では、「コストを抑制したい」「パフォーマンスを向上させたい」などの要件に対してどのようなソリューションを提供すべきかが多く問われます。そのため、単にAWSサービスの特徴や機能を暗記するだけの受験対策では不十分です。

本書は、この6つの柱を意識しながらAWSの各サービスやユースケースについて知識を深められるよう構成されています。

第1章では、AWS Well-Architectedフレームワークや AWSサービスの概要などを説明しています。まず、第1章で基本をしっかりと押さえましょう。第2章以降では、6つの観点に沿って各サービスについて説明しています。そのため、章をまたいで同じサービスについて説明している箇所がありますが、それぞれの観点で、どのような場合にどのようなサービスを利用するのか、あるいはサービスを組み合わせるのかを理解しましょう。

## ●本書の構成

　各章は、解説と演習問題で構成されています。解説を読み終えたら、演習問題を解いて理解度をチェックしてみましょう。正解できなかった問題は該当する解説のページに戻って復習してください。

　本書を読み終えたあとは、本試験に近い模擬問題で受験対策の総仕上げをしましょう。模擬問題は読者特典として、本書のサポートページからダウンロードできます。

### 《本書のサポートページ》

https://book.impress.co.jp/books/1122101088

※ご利用時には、CLUB Impressへの会員登録（無料）が必要です。

## ●解説

### 試験対策

受験に際して、理解しておくべき重要事項や有効な対策を記載しています。

> **試験対策**　識別子に使える記号はアンダースコア「_」とドル記号「$」であることと、数字は2文字目以降に使えることを理解しましょう。変数名は数字から始めてはいけないことはよく覚えておきましょう。

### 参考

試験対策とは直接関係ありませんが、知っておくと有益な情報を示しています。

> AWSサービスの中にはSLA※2で稼働率が公表されているものがありますが、あくまでも努力目標値となります。詳しくは、以下のURLを参照してください。
> https://aws.amazon.com/jp/legal/service-level-agreements/

> **2**　**LPIC システムアーキテクチャーの概要**
>
> 　可用性とは、システムが正常に継続して動作し続ける能力を指します。可用性の指標として「稼働率」が用いられ、多くの場合、パーセンテージで表されます。稼働率を高めるためには、サーバーを冗長化※1し、万一、障害が発生してもすぐに別のサーバーへフェイルオーバーするアーキテクチャを設計するのが一般的です。
> 　フェイルオーバーとは、稼働中のサーバーで障害が発生し、正常に動作しなくなったときに、待機しているサーバーへ自動的に切り替える仕組みのことです。本番系の多くのシステムで採用されています。

### 重要語句

本文中の重要語句は太字で示しています。

**Q** 演習問題

**問題**

問題は選択式（単一もしく
は複数）です。

1 MySQLデータベースがボトルネックになるのを防ぐために効果的な
方法は、次のうちどれですか（2つ選択）。

A ELBのClassic Load BalancerをWebアプリケーション層
置する

B Amazon RDSのリードレプリカを利用する

**A** 解答

**解答**

解答番号は問題番号と同一
です。正解の内容は当該節
で解説されています。

1 B、C

Amazon RDSのリードレプリカを利用することで、読み取り頻度の高
いデータベースを増設できるため、読み取りスループットを増やし、
パフォーマンスを向上させることができます。Amazon ElastiCacheは
マネージド型のインメモリデータベースです。メモリ上で処理を実行
するため、データをキャッシュすることで、データベースの負荷軽減
を実現します。したがって、**B**、**C**が正解です。

---

- 本書に記載されているAWSサービスの名称や内容、料金、グローバル イ
  ンフラストラクチャの数などは、特に注記がない限り執筆時点のものです。
- 本書の説明文中に記載された設定値などの最大数はデフォルト値のため、
  上限緩和申請によって変更できる場合があります。
- 読者特典の模擬問題は、AWSの公式模擬試験問題ではありません。

---

● 解説の図

　解説には多数の図を掲載し、システムやアーキテクチャのイメージをわかり
やすく示しています。図中に登場するサービスアイコンの名称は、略称で表記
しています。同一のグループアイコンやサービスアイコンが頻出したり類似す
る図が連続する場合は、初出時に表記した名称を省略していることがあります。
また、グループが含まれる図では、名称が記載されなくても説明できる場合は、
一部のグループを省略しています。

　なお、本文中の図で使用しているAWSのグループとサービスのアイコンおよび
名称は、「AWS Architecture Icons (Release 14-2022.07.31)」に準拠しています。

# 目次
CONTENTS

## 第1章　AWSサービス全体の概要　　　　11

## 第2章　AWSにおけるセキュリティ設計　　　149

## 第3章　AWSにおける高可用アーキテクチャ　　　205

# 第**1**章

# AWSサービス全体の概要

# 1-1 AWS Well-Architected フレームワーク

アマゾン ウェブ サービス（AWS：Amazon Web Services）では
「AWS Well-Architectedフレームワーク」と呼ばれる、クラウド
活用のベストプラクティスをまとめたホワイトペーパーが無償で提
供されています。本節では、AWS Well-Architectedフレームワー
クの概要を説明します。

## 1 AWS Well-Architectedフレームワークの概要

AWSが最初にクラウドサービスを開始したのは2006年に遡ります。当初は
コンピューティングサービスのAmazon Elastic Compute Cloud(EC2)とスト
レージサービスのAmazon Simple Storage Service(S3)からサービスを開始し
ましたが、現在ではユーザーのニーズに応じた200以上の多様なサービスを提
供しており、その種類はさらに増え続けています。

**AWS Well-Architectedフレームワーク**は、AWSがサービス開始してから
十数年、数多くのユーザーにさまざまなクラウドサービスを提供してきた経験
をベストプラクティス集として整理したものです。

これにより、AWSのユーザーが設計・構築・運用の各工程で、AWSにおける
クラウド活用のノウハウを効率よく体現できるようになりました。

### ●AWS Well-Architectedフレームワークの構成

このフレームワークは、「運用上の優秀性」「セキュリティ」「信頼性」「パフォー
マンス効率」「コスト最適化」「持続可能性」の6つを柱として、各項目のクラウ
ド活用時の設計原則および、AWS上で構築するシステムがベストプラクティス
に沿っているかを確認するためのチェックリスト(質問と回答)で構成されてい
ます。

この6つの柱に沿ってAWSを活用することが、安全かつ高パフォーマンスで、
耐障害性を備えた、効率的なインフラストラクチャの実現への近道となります。

## 【AWS Well-Architectedフレームワークの構成】

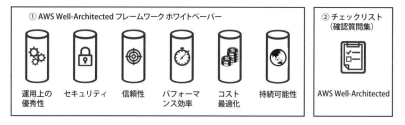

① AWS Well-Architected フレームワーク ホワイトペーパー

運用上の　セキュリティ　信頼性　パフォーマ　コスト　持続可能性
優秀性　　　　　　　　　　　ンス効率　最適化

② チェックリスト
（確認質問集）

AWS Well-Architected

## ●AWS Well-Architectedフレームワークの6つの柱の概要

6つの柱それぞれの概要は、以下のとおりです。

### ● 運用上の優秀性

運用上の優秀性の柱では、AWS上で構築したシステムがビジネスにおいて価値を提供し続けるために、運用面でどのような点に考慮すべきかを記載しています。たとえば、システムのモニタリングや変更管理、継続的な運用プロセス・手順の改善、通常・障害時の運用業務などのトピックが取り上げられています。

### ● セキュリティ

セキュリティの柱では、AWS上で構築したシステムとデータをどのように保護するかを記載しています。たとえば、データの機密性と整合性の担保、権限管理、セキュリティイベントの監視や制御のトピックが取り上げられています。

### ● 信頼性

信頼性の柱では、AWSにおける障害の防止、障害時の復旧について記載しています。たとえば、障害時における動的なコンピューティングリソースの獲得など、可用性の高いアーキテクチャに関するトピックが取り上げられています。

### ● パフォーマンス効率

パフォーマンス効率の柱では、AWSにおけるコンピューティングリソースの効率的な使用について記載しています。たとえば、性能要件や需要の変化に応じた適切なリソースタイプの選定や、パフォーマンスのモニタリングなどのトピックが取り上げられています。

## ● コスト最適化

　コスト最適化の柱では、AWS上での不要なコストの回避や最適化について記載しています。たとえば、適切なコストの把握や、最適なリソースタイプの選定、需要に応じたシステムのスケーリングなどのトピックが取り上げられています。

## ● 持続可能性

　持続可能性の柱では、エネルギー消費量を削減し地球環境への影響を最小限にするために必要な設計・実装について記載しています。たとえば、サーバーリソースの稼働・消費時間の最適化や、定期的なデータ削除による無駄なリソースの最適化などのトピックが取り上げられています。

**試験対策**

AWS Well-Architectedフレームワークは、AWSを利用するうえで重要なベストプラクティスです。実際の試験では、AWSがこれらのベストプラクティスに基づいて最適と考えるアーキテクチャを問う設問が、出題される傾向にあります。ベストプラクティスであるこれらフレームワークの概要をまずは押さえたうえで、試験範囲の個々のトピックを重点的に勉強するのが効率的です。また、AWS上でシステムの構築・運用を行う際にも参照し、ベストプラクティスに沿っているか定期的にチェックしましょう。

**参考**

AWS Well-Architectedフレームワーク（日本語版）
https://docs.aws.amazon.com/ja_jp/wellarchitected/latest/
framework/wellarchitected-framework.pdf

AWS Well-Architectedフレームワークに加えて、個々の技術トピックに対するホワイトペーパーも公開されています。

AWS ホワイトペーパーとガイド
https://aws.amazon.com/jp/whitepapers/

さまざまなテクニカル ホワイトペーパーや技術ガイド、参考資料、リファレンス アークテクチャ図などが無償で公開されており、学習の補足として活用できます。

#  Q 演習問題

**1** ある会社では、リリースしたアプリケーションが継続的に正しく動作し、障害時においても素早く復旧可能な運用を実現するクラウドアーキテクチャを設計したいと考えています。次のAWS Well-Architectedフレームワークのうち、どのベストプラクティスを指していますか？ 正しい項目を1つ選びなさい。

A　パフォーマンス

B　コスト最適化

C　運用上の優秀性

D　セキュリティ

# A 解答

**1**　C

----

AWS Well-Architectedフレームワークでは、リリース後の運用時におけるオペレーションのベストプラクティスとして「運用上の優秀性」の柱を定義しています。このなかで、継続性を重視した運用機能や、障害時の適切な運用方法などのトピックが取り上げられています。したがって、**C**が正解です。

# ネットワークサービス

AWSは世界中にデータセンターを配備しており、AWSのインフラストラクチャを理解するうえで、ネットワークサービスの理解は不可欠です。本節では、AWSにおけるインフラストラクチャの概要と、ネットワークの基本となるVirtual Private Cloud（VPC）やVPCを構成するサービス、AWSと外部システムや外部サービスを接続する方法について説明します。

## 1 AWSインフラストラクチャの概要

### ●リージョンとアベイラビリティーゾーン

AWSは、世界中に**リージョン**と**アベイラビリティーゾーン**（**AZ**：Availability Zone）を保有しています。リージョンは、地理的に離れた領域のことを指し、世界中に30カ所あります（2022年12月時点）。

リージョンは、「東京」「シンガポール」「バージニア北部」などの地名や地域名で呼ぶことが多いですが、「ap-northeast-1」などのようにコード表記して使うこともあります。

AZは、リージョン内にある複数のデータセンターの集合体を指し、96カ所あります（2022年12月時点）。各AZ間は、冗長化された高速なネットワークで接続されており、それぞれ地理・電源・ネットワークが独立した施設で構成されているため、地震や火災などの災害発生時に1つのAZが正常に動作しなくなったとしても、ほかのAZでシステムを継続できます。AZは、リージョンに「a」や「b」など記号を付けて表記するため、たとえば「東京リージョンのAZ-a」や「ap-northeast-1a」といった形で表現します。

システムを設計するうえで、高可用性を実現するためには、複数のAZを使う**マルチAZ構成**が推奨されており、**災害復旧（DR）**[※1]サイトを構築する場合は、複

---

※1 【災害復旧（DR：Disaster Recovery）】：地震などの広範囲にわたる災害が発生した場合でも、遠隔地でシステムを復旧・再開すること。または、その災害に備えた対策や体制。

数のリージョンを使う**マルチリージョン**でシステムを構成することがあります。

　AWSのアーキテクチャを構成するにあたり、複数のAZを利用することや、「**AWSマネージドサービス**」と呼ばれるAWSがインフラストラクチャを管理しているサービスを利用することで、パブリッククラウドの恩恵を最大限に享受することができます。

【リージョンとアベイラビリティーゾーン】

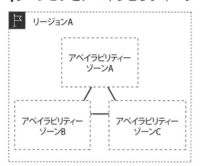

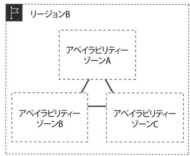

## ●エッジロケーション

　CDN（Content Delivery Network）[2]などのグローバルインフラストラクチャサービスを提供するための拠点のことで、AZを上回る数の拠点が全世界に設置されています。ユーザーは地理的に近いエッジロケーションから配布されるコンテンツを利用できるため、ネットワークの物理的な距離が短くなることで低レイテンシーの通信が可能になり、効率よくコンテンツを配布するシステムを構築できます。

本項のロケーションに関する用語は、各AWSサービスを理解するうえで非常に重要です。特に第3章の「弾力性に優れたアーキテクチャの設計」や第4章の「高性能アーキテクチャの設計」では、内容を理解するための前提になります。

---

※2　【CDN】Content Delivery Network：世界中に配置されているCDNネットワークから効率的にコンテンツを配信する仕組み。閲覧者に最も近い拠点から配信するため、非常に効率がよい。

AWSでは、AWSが提供するインフラストラクチャ以外に、ユーザーが用意したインフラストラクチャにAWSを拡張する「AWS Outposts」や、電気通信事業ネットワーク内に5G（第5世代）通信デバイス向けのAWSサービスを構築できる「Wavelength Zone」などのサービスも提供されています。

AWSの各サービスは、利用できる範囲によって以下のように分類できます。

・グローバルサービス

リージョンに依存しない共通のサービスを指します。AWS Identity and Access Management（IAM）やAmazon CloudFront、Amazon Route 53などが該当します。

・リージョンサービス

特定のリージョン内でのみ利用するサービスを指します。Amazon Virtual Private Cloud（VPC）やAmazon DynamoDB、AWS Lambdaが該当します。

・アベイラビリティーゾーン サービス

特定のアベイラビリティーゾーン（AZ）内で利用するサービスを指します。VPCのサブネットやAmazon Elastic Compute Cloud（EC2）、Amazon Relational Database Service（RDS）などが該当します。

たとえば、AWS IAMやRoute 53といったグローバルサービスは、AWSがすでにグローバルレベルでシステムを運用しているため、災害復旧（DR：Disaster Recovery）サイトを構築する際も、サービスを継続するための対策を考慮する必要がありません。

一方で、Amazon EC2などのアベイラビリティーゾーン サービスについては、特定のAZ内でしかサービスが稼働しないため、DRサイトを構築する際にはマルチAZまたはマルチリージョンの構成を検討する必要があります。

なお、Amazon S3は、バケット名がグローバルで一意でなければならないためグローバルサービスに分類されますが、データは特定のリージョンに保管されます。

## 2 Amazon Virtual Private Cloud（VPC）

　世界中のユーザーが利用するAWSにおいて、特定のユーザーだけが利用できるネットワーク環境を構築することは、セキュリティの観点から非常に重要です。

　AWSには、このネットワーク環境を実現するサービスとして**Amazon**

Virtual Private Cloud（VPC）があります。Amazon VPCは、AWS上の特定のリージョンに独立したプライベートネットワーク空間を作成できるサービスです。

　通常、AWS上のハードウェアやネットワークインフラストラクチャはユーザー全体で共有されていますが、「VPC」と呼ばれる仮想ネットワークを作成することで、論理的に分割された、特定のユーザーだけが利用できるプライベートネットワークを構築することができます。これにより、ネットワークのセキュリティを確保することができます。

　VPCは、ユーザーが自由に作成することができますが、作成にあたってはいくつか注意点があります。

・ IPv4のVPCは、プライベートIPアドレスの範囲内で、16ビット以上28ビット以内のCIDR[3]を指定する必要がある
・ VPC間を接続したりオンプレミス環境と接続する場合（後述）は、IPアドレスの範囲が重複しないように注意する必要がある
・ IPv6のVPCは、56ビットのCIDRに固定されている

　以下に、VPCに関するサービスと機能を説明します。

## ●サブネット

　サブネットとは、VPC内に構成するネットワークセグメントです。ユーザーはサブネットを作成する際に、どのアベイラビリティーゾーン（AZ：Availability Zone）で構成するかを指定します。サブネットは、1つのVPCに対して複数作成することができますが、VPCのIPアドレス範囲内でCIDRを設定する必要があります。

　サブネットを構成する際は、大きく分けてセキュリティの観点と可用性の観点を考えることが重要です。
　まずセキュリティの観点では、パブリックサブネットとプライベートサブネットのどちらのサブネットとして機能させるかを検討する必要があります。

---

※3　【CIDR】Classless Inter-Domain Routing：IPアドレスのクラス分類を考慮せず、IPアドレスを割り当てる仕組み。IPアドレス空間を効率的に利用できる。

**パブリックサブネット**は、インターネットとの通信が可能なサブネットで、インターネットと通信する必要があるサーバーを配置します。また、**プライベートサブネット**には、インターネットと接続する必要がないサーバーを配置します。サブネットをインターネット接続の可／不可で分けることにより、ネットワークのセキュリティを向上させることができます。なお、パブリックサブネットとプライベートサブネットの用語の定義は、後述する「ルートテーブル」で説明します。

次に可用性の観点では、同じ用途のサブネットを複数のAZに作成することが重要です。サブネットは、システム単位やセキュリティの観点から複数作成することになりますが、同じ用途でもそれぞれのAZごとに作成することで、より可用性の高いネットワークを構築できます。

Amazon RDSなどのマルチAZ機能(95ページを参照)を利用するためには、異なるAZで作成した複数のサブネットを用意することが前提となります。

【VPCとサブネット】

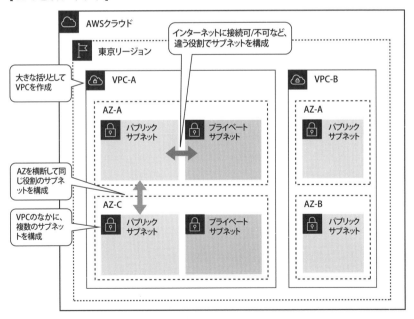

VPCはプライベートネットワーク空間でIPアドレスを自由に決めることができます。サブネットは、VPC内に構成するネットワークセグメントで、サブネットの役割やAZごとに作成することが重要です。

## ●インターネットゲートウェイ（IGW：Internet Gateway）

VPC内のリソースからインターネットにアクセスするためのゲートウェイで、IPv4およびIPv6のトラフィックをサポートしています。インターネットゲートウェイをVPCにアタッチすることで、VPC内のリソースからインターネットへアクセスできます。

## ●ルートテーブル

サブネット内のAWSリソースに対する静的ルーティングを定義するもので、設定はサブネット単位で行います。ルートテーブル内のデフォルトゲートウェイ(0.0.0.0/0)へのルーティングに、インターネットゲートウェイを指定したサブネットがパブリックサブネット、インターネットゲートウェイを指定していないサブネットがプライベートサブネットと定義されています。

試験対策 インターネットゲートウェイへルーティングされるサブネットをパブリックサブネット、インターネットゲートウェイへルーティングされないサブネットはプライベートサブネットと定義されています。

参考 VPC内の通信では、デフォルトでルートテーブルに「local」の経路が定義されており、同じVPC内にあるサブネット間で相互通信が可能になっています。これには異なるAZに作成されたサブネット間も含まれます。以下は、パブリックサブネットにおけるルートテーブルの定義例です。

【VPC(192.168.0.0/16)におけるルートテーブルの例】

| 送信先 | ターゲット |
| --- | --- |
| 192.168.0.0/16 | local |
| 0.0.0.0/0 | igw |

## ●NATゲートウェイ

**NATゲートウェイ**は、プライベートサブネットからインターネットへ接続するためのネットワークアドレス変換(NAT：Network Address Translation)機能を提供します。AWSではマネージドサービスとして提供されており、AZ内で冗長化されているため、NATインスタンス(後述)を利用する方法よりも高い可用性が期待できます。

パブリックサブネットとプライベートサブネットに配置されたEC2インスタンスから、インターネットへ接続する際の通信の流れを次の図に示します。

【パブリックサブネットとプライベートサブネット】

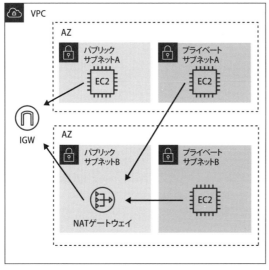

| サブネット | 宛先 |
|---|---|
| パブリックA | igw |
| パブリックB | igw |
| プライベートA | nat |
| プライベートB | nat |

← 通信の流れ

パブリックサブネットAのEC2インスタンスは、IGWからインターネットへ直接接続していますが、プライベートサブネットAとBのEC2インスタンスはインターネットに直接接続できないため、パブリックサブネットBにあるNATゲートウェイを経由してインターネットに接続しています。

主なユースケースとして、プライベートサブネットに配置されたAmazon EC2内のOSにパッチを適用する場合や、ソフトウェアライセンス認証を行う場合に利用されています。

　NATゲートウェイを利用しない場合、「**NATインスタンス**」と呼ばれるNAT機能を持つEC2インスタンスを利用してインターネットにアクセスします。これには、「送信元／送信先チェック」と呼ばれる機能を無効化し、自身へのトラフィックを破棄する設定が必要になります。

　このNATインスタンスはEC2インスタンスをNATサーバーとして利用するため、単一障害点とならないように冗長化の仕組みを検討する必要があります。

**試験対策**　プライベートサブネット内のEC2からインターネットに接続するには、NATゲートウェイまたはNATインスタンスが必要です。

## 3　ネットワークアクセス制御

### ●セキュリティグループ

　**EC2インスタンス**などに適用するファイアウォール機能です。EC2インスタンスから出る通信を制御する**アウトバウンド**、EC2インスタンスに入る通信を制御する**インバウンド**の2つを設定します。

　セキュリティグループの主な特徴は、以下のとおりです。なお、セキュリティグループの詳細については、「2-3　ネットワークセキュリティ」を参照してください。

- ・デフォルトの設定値では、アウトバウンド通信はすべて許可、インバウンド通信はすべて拒否
- ・インバウンド／アウトバウンドの種別、プロトコル(TCPやUDP)、ポート範囲(80番など)、アクセス元またはアクセス先IPなど許可するルールのみを定義する
- ・EC2インスタンスに複数のセキュリティグループ(複数のルールの集合体)を適用できる
- ・セキュリティグループの設定追加・変更は即座に反映される
- ・**ステートフル**な制御が可能(ルールで許可された通信の戻りの通信も自動的に許可される)

## ●ネットワークアクセスコントロールリスト（ACL）

**サブネット**単位で設定するファイアウォール機能です。セキュリティグループと同様に、アウトバウンド通信とインバウンド通信の2つを設定します。たとえば、パブリックサブネットからデータベースサーバーが配置されたサブネットへの通信を明示的に拒否する、あるサブネットから外部へのSMTP通信を拒否するなど、主に異なるサブネット間の通信を制御する場合に利用します。

ネットワークACLの主な特徴は、次のとおりです。なお、ネットワークACLの詳細については、「2-3　ネットワークセキュリティ」を参照してください。

- VPC内に構成したサブネットごとに1つのネットワークACLを設定可能
- VPC作成時に、デフォルトのネットワークACLが1つ準備されており、初期設定ではすべてのトラフィックを許可
- 新規にネットワークACLを作成することもでき（「カスタムネットワークACL」と呼ぶ）、その場合の初期設定はすべてのトラフィックを拒否
- インバウンドとアウトバウンドそれぞれに対して、許可または拒否を明示した通信制御が可能
- **ステートレス**（セキュリティグループとは異なり、インバウンドとアウトバウンドに対する通信制御が必要）
- 各ルールに番号を割り当て、番号順に許可または拒否のルールを適用する

【セキュリティグループとネットワークACLの主な違い】

| 項　目 | セキュリティグループ | ネットワークACL（デフォルト） |
|---|---|---|
| 適用範囲 | インスタンス単位 | サブネット単位 |
| デフォルト動作 | インバウンド：すべて拒否<br>アウトバウンド：すべて許可<br>ENI※4単位で設定 | インバウンド：すべて許可<br>アウトバウンド：すべて許可 |
| ルールの評価 | すべてのルールが適用される | ルールの順番で適用される |
| ステータス | ステートフル | ステートレス |

**試験対策**

セキュリティグループはステートフルな制御が可能で、許可した通信のみ通すことができます。ネットワークACLはステートレスであるため、インバウンド通信とアウトバウンド通信の双方で通信制御を行う必要があります。

---

※4　【ENI】Elastic Network Interface：VPC内のネットワークインターフェイスを提供するサービス。利用可能なAWSサービスにアタッチすることでENIに紐付いたIPアドレスを利用できる。

## 4 VPCと外部との接続

### ●AWS Direct Connect

オンプレミス環境とAWSの間を専用線で接続するサービスです。専用線でプライベート接続することに加え、高速なネットワーク帯域で安定した通信を行うことができます。

また、Direct Connectの追加機能として、**Direct Connectゲートウェイ**があります。通常、Direct Connectはオンプレミス環境とVPCを「1対1」でしか接続できませんが、Direct Connectゲートウェイを利用することで、オンプレミス環境と全リージョン内の複数のVPCを「1対多」で接続できます。

> AWS Direct Connectは、「DX」という略称で呼ばれることが多くあります。近年では、デジタル トランスフォーメーションもDXと呼ばれているため、混同しないように注意しましょう。

### ●AWS Virtual Private Network（VPN）

**AWS VPN**は、オンプレミスネットワークやクライアントデバイスとAWSネットワーク間をVPN接続するサービスです。AWS VPNは、AWS Site-to-Site VPNとAWS Client VPNで構成されています。

### ● AWS Site-to-Site VPN

Direct Connect以外にも、オンプレミス環境とAWSの間を接続する方法として、IPSec[5]を使用してセキュアに通信できる**AWS Site-to-Site VPN**があります。インターネット回線を利用しているため、Direct Connectに比べるとスループットや品質は低下しますが、比較的低コストかつ短期間で導入できる点がメリットです。

### ● AWS Client VPN

AWS Client VPNは、クライアントデバイスからAmazon EC2などのVPCの

---

※5 【IPSec】Security Architecture for Internet Protocol：IPパケットを暗号化し、盗聴や改ざんを防ぐ技術のこと。オンプレミス環境のVPNとしても多く利用されている。

リソースへのVPN接続を提供するサービスです。フルマネージド型のサービスであるため、従来のようにVPNサーバーを構築することなく、ユーザー向けのVPN環境を構築できます。

### ● 仮想プライベートゲートウェイ（VGW：Virtual Private Gateway）

オンプレミス環境とAWSを接続する際に利用するゲートウェイです。Site-to-Site VPNやDirect Connect接続の際にあらかじめ用意しておき、VPCへアタッチして利用します。

試験対策 オンプレミス環境とAWS環境をプライベート接続するには、Direct ConnectまたはSite-to-Site VPNを利用します。Direct Connectは、Site-to-Site VPNより高いスループットや安定性を維持できますが、導入までに時間がかかり、コストが高くなる傾向にあるという点が重要です。

## ●VPCピアリング

異なるVPC間をプライベート接続するサービスです。VPCは、AWS上に独立したプライベートネットワーク空間を作成するため、本来はVPC間での直接的な通信は行えません。しかし、VPC間をVPCピアリング接続することで、インターネットを経由せずにAWSのプライベートネットワーク内で直接通信できるようになります。VPCピアリングは異なるAWSアカウント間でも接続できますが、ネットワークアドレスが一致または重複する場合は接続できません。

【VPCピアリングとDirect Connectゲートウェイの接続例】

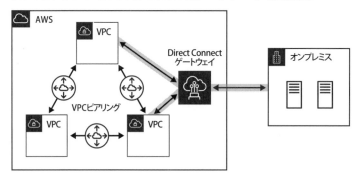

## ●AWS Transit Gateway

VPC内にハブの機能を備えたゲートウェイを配置するサービスです。ある特定のVPCが外部のネットワークと接続する必要がある場合、前述した Direct ConnectやVPN、VPCピアリングなどそれぞれのサービスで、設定や運用を行う必要があります。当然、接続先が増えるほど管理が煩雑になり、ネットワーク構成が複雑化しますが、Transit Gatewayを利用することでネットワークを簡素化し、一元管理することができます。

【Transit Gatewayの接続例】

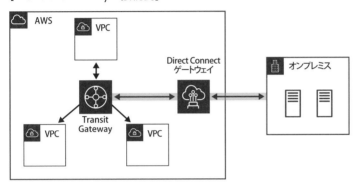

## ●VPCエンドポイント

VPC内のリソースから各種のAWSサービスへのアクセスやAPIコールは、通常はインターネットを経由して行いますが、**VPCエンドポイント**を利用することで、AWSのプライベートネットワークからアクセスできるようになります。

VPCエンドポイントには、ネットワークレイヤーのゲートウェイ型とアプリケーションレイヤーのインターフェイス型の2種類があります。

**ゲートウェイ型**では、**ルートテーブルに指定されたターゲットを追加**することで、Amazon Simple Storage Service(S3) や Amazon DynamoDB などのAWSサービスへプライベート接続することができます。

**インターフェイス型**は、「**AWS PrivateLink**」とも呼ばれ、Amazon CloudWatchやAmazon Simple Queue Service(SQS)などの**APIコール**に対して、インターネットを経由せずにプライベート接続することができます。

ゲートウェイ型は無料で利用できますが、インターフェイス型は料金が発生するので注意しましょう。

## 5 Elastic Load Balancing（ELB）

Elastic Load Balancing(ELB)は、Amazon EC2や特定のIPアドレスへのトラフィックを分散するロードバランシングサービスで、EC2インスタンスを登録するだけで利用できます。ここで登録されたEC2インスタンスを「**バックエンドインスタンス**」と呼びます。

ELBには以下の4種類があり、それぞれ特性が異なります。

- **Classic Load Balancer(CLB)**：標準的なロードバランシングを提供する。CLBに対するTCPリクエストをバックエンドインスタンスに振り分け、指定されたポートへトラフィックを転送する。
- **Application Load Balancer(ALB)**：リクエストレベル(レイヤー7)で動作し、リクエストの内容に応じて、あらかじめ設定したターゲットにルーティングして処理を振り分ける。そのため、Webサーバーやアプリケーションサーバーなどで利用するHTTPやHTTPSトラフィックを、特定のサーバーに振り分けることができる。
- **Network Load Balancer(NLB)**：レイヤー4で動作し、低レイテンシーで高いスループットを実現する場合に利用する。送信元のアドレスを保持するため、レスポンスはクライアントへ直接返す。
- **Gateway Load Balancer(GLB)**：レイヤー3で動作し、ファイアウォールや侵入検知などの仮想アプライアンスの可用性をより高められる。

以下にELBにおける重要な特徴を説明します。

### ●高可用性

ELBは、トラフィックを**複数のAZへ分散**できるため、地理的に離れたデータセンターを利用することで可用性の向上が見込めます。また、トラフィックは正常なバックエンドインスタンスのみに振り分けられるため、インスタンスや

AZに障害が発生しても、正常なインスタンスとの通信を続けることができます。

## ●自動スケーリング

ELBは、トラフィックの負荷に応じて自動でスケーリングする機能を備えており、**ELB自体にも冗長性が確保**されています。ELBにはVPCサブネットのIPアドレスが自動的に割り振られます。IPアドレスは変動するため、通常、ELBへの接続は「**エンドポイント**」と呼ばれる、ELBに割り当てられたDNS名を使用します。

## ●セキュリティ機能

ELBは、SSL復号の機能を備えています。後述する**AWS Certificate Manager（ACM）と連携**し、SSL復号をELBが担うことで、バックエンドインスタンスの負荷軽減や証明書の一元管理が可能になります。また、ELB自体にもセキュリティグループが設定できるので、ELBのみでアクセス制御を行うこともできます。

## ●ヘルスチェックとモニタリング

ELBは、バックエンドインスタンスが正常に動作しているか、**ヘルスチェック**を行います。ヘルスチェックの結果、異常なEC2インスタンスには振り分けを停止し、正常なEC2インスタンスのみと通信を行います。このとき、「**スティッキーセッション**」という機能を使用することで、一度セッションを確立したバックエンドインスタンスにユーザーのリクエストを送信できるようになります。

また、バックエンドインスタンスをELBから登録解除する際に、サーバーが何らかの処理を行っていると、その処理を中断してしまうことが懸念されます。この場合、「**Connection Draining**」という機能を利用すると、サーバーの処理が完了するまで解除を遅延させることができます。ELBは、応答時間やリクエスト数の記録だけでなく、通信のログをAmazon S3に保管することができます。

## ●クロスゾーン負荷分散

**クロスゾーン負荷分散**を使用すると、ELBは複数のAZに登録されたすべてのインスタンスに対してリクエストを均等に分散します。一方、クロスゾーン負荷分散を無効にした場合、ELBはAZごとにリクエストを均等に分散するため、AZによってインスタンス数が異なるとすべてのインスタンスでリクエストを均等に分散できなくなります。

## ●外部ELBと内部ELB

ELBは、外部ELB(インターネット公開向け)のInternet-facingか、内部ELBとして利用するInternalのいずれかで動作します。Internet-facingの場合、ELB自体がパブリックサブネットに配置されているため、バックエンドインスタンスをパブリックサブネットに配置する必要がなく、プライベートサブネットに配置することで、セキュリティを高めることができます。Internalは、VPC内やオンプレミス環境からのみ利用することができます。

## ●AWS Certificate Manager(ACM)

AWS Certificate Managerは、複数のAWSサービスで利用するSSL証明書を一括で管理することができます。また、AWSで利用するSSL証明書の新規発行だけでなく、既存SSL証明書をインポートして管理することも可能です。このACMで管理されたSSL証明書は、主にELBやCloudFront、API GatewayでHTTPS通信を行う場合に利用されます。

**試験対策** ELBは、複数のAZに設定することで高可用なネットワークを構築できます。ELBをパブリックサブネットに配置し、バックエンドインスタンスをプライベートサブネットに配置することで、サーバーのセキュリティを担保しつつSSL証明書の管理を簡素化できます。

---

## 6 Amazon CloudFront

Amazon CloudFrontは、エッジロケーションからコンテンツを配信するCDN(Content Delivery Network)サービスです。

CloudFrontを利用することで、閲覧者は地理的に最も近いキャッシュサーバーからコンテンツを受け取れるため、通信の伝送距離が短くなることで低レイテンシーでWebサービスを提供することができます。

CloudFront自体には、高可用性、高パフォーマンス、低レイテンシーなネットワークが用意されており、オリジンとしてELBやAmazon EC2、Amazon S3などを指定することができます。**オリジン**とは、CloudFrontへキャッシュするコンテンツの提供元を指します。

CloudFrontには、主に次のような機能があります。詳細については、「4-2　ネットワークサービスにおけるパフォーマンス」を参照してください。

## ● SSLによる通信の暗号化

CloudFrontでは、SSL証明書を利用したSSL暗号化通信が可能です。ユーザーが用意した独自のSSL証明書を導入することができます。また、CloudFrontからバックエンドのAWSサービスまでをSSL暗号化通信にすることも可能です。

## ●署名付きURL

一定時間だけアクセスを許可するためのURLを発行し、URLを通知した限定的なユーザーにのみ公開できる機能です。

## ●カスタムエラーページ

オリジンからエラーコードが返された場合、あらかじめ設定したエラーページを表示することができます。

## ●地域制限（地理的ブロッキング）

CloudFrontに接続するユーザーの地域情報に基づいて、アクセスを許可または拒否することができます。

## ●ストリーミング配信

Webサービスのコンテンツ配信に加えて、映像や音声のストリーミング配信にも対応しています。

**試験対策**

CloudFrontは、ELBやAmazon EC2、Amazon S3などオリジンのコンテンツをキャッシュして配信することで、Webサービスのパフォーマンスを向上することができます。また、全世界にコンテンツを効率よく配布できますが、署名付きURLや地域制限を行うことで、一定のアクセス制御ができる点が重要です。

Amazon Route 53は、可用性の高いDNSを提供するマネージドサービスです。ホストゾーンの設定として、外部向けDNSの**パブリックホストゾーン**と、VPC内DNSの**プライベートホストゾーン**があります。パブリックホストゾーンは公開Webサーバーの名前解決などに利用し、プライベートホストゾーンは社内システムなど、インターネットを介さない通信における名前解決に利用します。

Route 53は、「**ALIASレコード**」と呼ばれるRoute 53独自のDNS機能を利用することができます。ALIASレコードは、ELBやCloudFrontのエンドポイントを、CNAMEレコード[※6]ではなくAレコード[※7]として指定することができます。そのため、Zone Apexレコード[※8]をAレコードとして扱うことができます。

また、単にDNSの機能だけでなく、通信を制御する**ルーティングポリシー**を使用することもでき、レコードを作成する際にRoute 53がクエリにどのように応答するかを設定できます。

次の表にRoute 53の主なルーティングポリシーを示します。

---

[※6] 【CNAMEレコード】ドメイン名から別のドメイン名(別名)を参照するDNSレコード。

[※7] 【Aレコード】ドメイン名からIPアドレスを参照するDNSレコード。

[※8] 【Zone Apexレコード】サブドメインを含まないドメイン名のこと。通常、Zone ApexレコードはNSレコードとして利用されるため、CNAMEレコードが使えないという制限がある。

【主なルーティングポリシー】

| ルーティング ポリシー | 説　明 |
|---|---|
| レイテンシーベースルーティング<br>（レイテンシールーティング） | レイテンシーが最も低いリソースにルーティングする |
| 加重ルーティング | 複数のリソースに加重度を設定し、指定した比率に応じて処理を分散するようにルーティングする |
| 位置情報ルーティング | ユーザーとリソースの地理的場所に基づいてルーティングする |
| フェイルオーバールーティング | ルーティング先の対象になるリソースをヘルスチェックし、利用できるリソースにルーティングする |
| シンプルルーティング | 設定されたレコードの情報に従ってルーティングする |
| 地理的近接性ルーティング | 接続元のクライアントの位置から、地理的に近い場所にルーティングする |
| 複数値回答ルーティング | 最大8個からランダムに選ばれた正常なレコードを使用して、Route 53がDNSクエリに応答する |

**試験対策**　Route 53のルーティングポリシーは押さえておきましょう。特に、フェイルオーバー ルーティングを設定することで高可用性ネットワークを構築でき、レイテンシーベースルーティングを設定することで高パフォーマンス ネットワークを構築できる点が重要です。

**参考**　Amazon Route 53 は、特定のルーティングポリシーだけでなく、複数のルーティングポリシーを組み合わせて設定することもできます。

第1章　AWSサービス全体の概要

## ●AWS Global Accelerator

AWSが管理するネットワーク網を利用することにより、アプリケーションを高パフォーマンスで提供できるサービスです。

ユーザーからのリクエストは、まずエッジロケーションを経由し、Global Acceleratorによってトラフィックが最適化されます。最適化されたトラフィックに従って、AWSが管理するネットワーク網からNLBやAmazon EC2などのエンドポイントに転送されます。

リクエストからエンドポイントまでの通信の大部分をAWSネットワーク網で行うことにより、インターネットを経由した場合よりも高いパフォーマンスが期待できます。

## ●VPCフローログ

VPC内のネットワークインターフェイス(ENI：Elastic Network Interface)で通信するトラフィック情報をキャプチャするサービスです。キャプチャした情報は、Amazon CloudWatch Logsへ転送されます。設定は、ENI単位、サブネット単位、VPC単位で指定することができます。

## ●Elastic IP（EIP）

固定のグローバルIPアドレスを提供するサービスです。通常、EC2インスタンスを停止すると、それまで使用していたIPアドレスは保持できなくなります。IPアドレスが変わるたびにアプリケーションやDNSを変更するのは、運用上の手間がかかるため、対応策としてEIPを利用します。

EIPは、起動しているEC2インスタンスにアタッチされている場合には料金が発生しませんが、EC2インスタンスにアタッチされていない場合や、アタッチされているEC2インスタンスが停止中の場合には時間単位で料金が発生します。

## ●AWS Resource Access Manager（RAM）

AWSアカウントやAWS Organizations(168ページを参照)組織内で、サブネットやAWS Transit Gatewayなどのリソースを共有するサービスです。

管理やコスト分離の観点から複数のAWSアカウントを利用している場合、た

とえ用途が同じであっても、それぞれのAWSアカウントごとにリソースを作成する必要があります。

　AWS RAMを利用することで、すべてのAWSアカウントで共通して利用するリソースを集約し、運用の負荷やコスト効率を向上させることができます。

## ● AWS DataSync

　オンプレミス環境のストレージとAWSのストレージサービスとの間で、データを高速に転送できるサービスです。DataSyncは、専用のエージェントを導入することで利用でき、主にAWSへのデータ移行を効率的に行う用途で利用されます。

　また、データ移行のほかにも、機械学習用の分析基盤をAWS上に構築している場合など、オンプレミス環境で稼働する業務システムとは別の目的でAWSを利用する際のAWSへのデータ転送を効率化するためにも利用されています。

　転送先のストレージサービスとしては、主にAmazon S3、Amazon EFS、Amazon FSx for Windows File Serverなどがあります。

## ●AWS Directory Service

　Directory Serviceは、マネージド型でMicrosoft Active Directory（AD）機能を提供するサービスで、これによりAWSリソースからMicrosoft ADの機能が利用できます。また、新規にディレクトリを作成するだけでなく、Microsoft ADの信頼関係を利用して既存のMicrosoft AD環境と統合することができます。詳細は、「2-2　アイデンティティ管理とアクセス管理」を参照してください。

## ●AWS Network Firewall

　AWS Network Firewallは、ネットワークトラフィックに応じて自動で拡張するVPCネットワークの侵入検知やフィルタリングを行うステートフルなマネージドサービスです。プロトコルやIPアドレス、ポートなどを制御することで、主にVPC間やオンプレミス間、インターネットへのトラフィックを保護します。

1　新たにAWS環境で構築したシステムを、オンプレミス環境で動作し
ているシステムと連携する必要があります。次のうち、高品質かつ
低レイテンシーでプライベート接続が可能なサービスはどれですか。

    A　AWS Direct Connect

    B　AWS Site-to-Site VPN

    C　Elastic Load Balancing

    D　NATゲートウェイ

2　プライベートサブネットのAmazon EC2からインターネットへ接続
するために利用するAWSサービスは、次のうちどれですか。

    A　VPCピアリング

    B　Amazon Route 53

    C　Amazon CloudFront

    D　NATゲートウェイ

3　Amazon EC2からAmazon DynamoDBにインターネットを経由しな
いで接続するためのAWSサービスは、次のうちどれですか。

    A　インターネットゲートウェイ

    B　AWS Transit Gateway

    C　VPCエンドポイント

    D　AWS DataSync

# A 解答

## 1 A

AのDirect Connectは、オンプレミス環境とAWSの間を専用線で接続するサービスで、専用線でプライベート接続することに加え、高速なネットワーク帯域で安定した通信を行うことができます。
BのSite-to-Site VPNは、オンプレミス環境とAWSの間をセキュアに通信することができますが、インターネット回線を利用しているため、スループットや品質は低下します。
CのElastic Load Balancingは、EC2や特定のIPアドレスへのトラフィックを分散するロードバランシングサービスで、AWSとオンプレミス間をプライベート接続するサービスではありません。
DのNATゲートウェイは、プライベートサブネットからインターネットへ接続するためのNAT機能を提供するサービスで、AWSとオンプレミス間をプライベート接続するサービスではありません。
したがって、**A**が正解です。

## 2 D

AのVPCピアリングは、異なるVPC間をプライベート接続するサービスです。BのRoute 53は、DNSを提供するマネージドサービスです。CのCloudFrontは、エッジロケーションからコンテンツを配信するCDNサービスです。DのNATゲートウェイは、プライベートサブネットからインターネットへ接続するためのNAT機能を提供するサービスです。したがって、**D**が正解です。

## 3 C

Aのインターネットゲートウェイは、VPC内のリソースからインターネットへアクセスするためのゲートウェイです。BのTransit Gatewayは、VPC内にハブの機能を持ったゲートウェイを配置するサービスです。CのVPCエンドポイントは、VPC内のリソースから各種AWSサービスへのアクセスやAPIコールを、AWSのプライベートネットワークからアクセス可能にするサービスです。DのDataSyncは、オンプレミス環境のストレージとAWSのストレージサービスとの間で、データ転送を高速に行えるようにするサービスです。したがって、**C**が正解です。

# 1-3 アクセス制御サービス

AWSを利用するには、まず最初にAWSのユーザー登録を行う必要があります。
本節では、AWS Identity and Access Management（IAM）によるユーザー管理をはじめとした、アクセス制御に関連するサービスの概要を紹介します。

## 1 IAMサービスの概要

AWS Identity and Access Management(IAM)サービスとは、AWSを利用するユーザーに対してAWSへのアクセスを安全に制御するための仕組みです。なお、IAMサービスについての詳細は、「2-2　アイデンティティ管理とアクセス管理」を参照してください。

AWSを最初に利用する際は、以下の流れで管理者となるAWSアカウントと、操作するユーザーをIAMサービスで登録します。

### ●AWSアカウントの登録

AWSを最初に利用する際には、管理者のメールアドレスやプロフィールなどの個人情報、料金支払いに必要なクレジットカード情報などを登録し、AWSを利用するためのアカウント（**AWSアカウント**）を取得する必要があります。

最初に登録したメールアドレスで、AWSの操作の入口となる**AWSマネジメントコンソール**にログインすることができます。

このユーザーを「**ルートユーザー**」と呼び、すべての管理権限が付与されます。

### ●IAMユーザーおよびIAMグループの登録

ルートユーザーではAWSのすべての操作を行うことができるため、誤操作などの危険を伴います。そこで、通常のAWSの操作は、操作用のユーザーやグループを作成して行います。

AWSではIAMサービスを使用して**IAMユーザー**および**IAMグループ**を作成することで、実際に利用するユーザーやグループを登録できます。

## ●IAMポリシーによる権限の付与

IAMユーザーおよびIAMグループは、作成直後には権限が付与されていません。

IAMユーザーまたはIAMグループに対して、**IAMポリシー**で適切な権限を付与することで、AWSの各種サービス、ストレージなどのリソースへのアクセス制御を行うことができます。たとえば、開発者のIAMグループに所属するIAMユーザーに対しては、AWSの仮想サーバーサービスであるAmazon Elastic Compute Cloud（EC2）への操作許可のみを与えるといったアクセス制御が可能となります。

【IAMによるアクセス制御のイメージ】

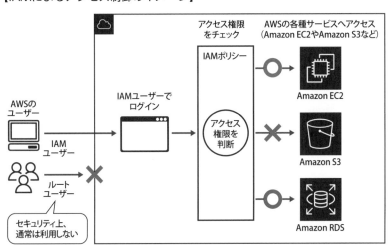

---

| 2 | IAMサービスを通じたAWSの操作方法 |

AWSにアクセスして各種サービスやリソースを操作するには、主に以下の3種類の方法があります。

## ●WebブラウザでAWSマネジメントコンソールにログインする

登録したIAMユーザーのユーザー名とパスワードを用いて、Webブラウザから AWSが提供する**AWSマネジメントコンソール**の画面にアクセスします。

## ●AWS CLIでWindowsやLinuxからコマンド操作する

AWS Command Line Interface(AWS CLI)は、AWSサービスを管理するためのコマンド群です。

AWS CLIをインストールすることで、WindowsコマンドプロンプトやLinuxシェルから各種のコマンドを利用できます。たとえば、Linuxシェルからコマンドを実行して、AWSサービスを操作できます(次の例を参照)。

コマンド操作には、操作先のリージョンおよびIAMユーザーごとに作成できる**アクセスキーID**と**シークレットアクセスキー**を事前に作成しておく必要があります。この2つのキーペアは、AWS CLIやAWS SDK(後述)を利用する際の認証情報として使われます。

### 例 EC2インスタンスのIDを指定して起動するコマンド

```
$ aws ec2 start-instances --instance-ids <instance_id>   ┐
{           インスタンスIDを指定して、AWSのEC2インスタンスを起動するコマンドを実行

    "StartingInstances": [      ←起動コマンドの実行結果を表示
        {
            "InstanceId": "i-xxxx",
            "CurrentState": {
                "Code": 0,
                "Name": "pending"
            },
            "PreviousState": {
                "Code": 80,
                "Name": "stopped"
            }
        }
    ]
}
```

←i-xxxxというインスタンスIDのEC2インスタンスが起動準備中であることを示す

←起動前のインスタンス状態を表示 (この例では停止状態)

アクセスキーID、シークレットアクセスキーは、aws configureコマンドまたはLinuxやWindows環境変数で事前に設定しておくことが可能です。

## ●AWS SDKでプログラムからAPIを利用する

　AWS SDKは、Javaなどの主要なプログラミング言語向けにAWSから提供されているAPI群です。JavaなどのプログラムからAWS SDKで提供されているAPIを指定することで、AWSの各種サービスを操作できます。

　AWS SDKを利用する場合も、アクセスキーIDとシークレットアクセスキーによる認証情報が必要になります。

　なおアクセスキーIDとシークレットアクセスキーを利用した認証は、キー流出のリスクが懸念されるため、現在はIAMロールによる認証が推奨されています。詳細は、「2-2　アイデンティティ管理とアクセス管理」で説明します。

**1** IAMユーザーを作成した直後に設定されているアクセス権限に関する説明として、正しい項目は次のうちどれですか。

A すべての権限が付与されている

B Amazon EC2サービスを操作する権限のみ付与されている

C 権限は付与されていない

D IAMサービスを操作する権限のみ付与されている

**2** AWS CLIやAWS SDKを利用するために必要な認証情報は、次のうちどれですか。

A IAMユーザーのログイン名とパスワード

B IAMユーザーに付与されたIAMポリシー

C IAMユーザーのアクセスキーIDとシークレットアクセスキー

D ワンタイムパスワード

# A 解答

**1** C
--------------------------------------------------------------------------------
IAMユーザーは、作成直後には権限が付与されていないため、IAMポリシーの割り当てが必要です。

**2** C
--------------------------------------------------------------------------------
IAMユーザーごとに作成可能なアクセスキーIDとシークレットアクセスキーを使用することで、AWS CLIとAWS SDKが利用できます。

# 1-4 コンピューティングサービス

AWSでは、サーバーなどのITリソースを少ない手間で作成するためのサービスがいくつも提供されています。

本節では、サーバーを提供する主要なコンピューティングサービスであるAmazon EC2と、その他の主要なサービスを説明します。また、EC2と合わせて利用されることが多い移行サービスやコンテナサービスについても紹介します。

## 1 Amazon Elastic Compute Cloud （EC2）

Amazon EC2は、AWSクラウド上で仮想サーバーを提供する、AWSの代表的なコンピューティングサービスです。このサービスを利用して作成した仮想サーバーのことを**EC2インスタンス**といいます。EC2ではハイパーバイザー型の仮想化が利用されていますが、仮想化ソフトウェアの機能によって、ほかの利用者の仮想サーバーにアクセスできないように設計されています。

ユーザーは、AWSマネジメントコンソール上で行う簡単な操作によって、必要な台数、必要なスペックのEC2インスタンスを容易に構築することができます。

スペックは、システムの利用状況に応じて柔軟に変更できます。また、EC2インスタンスの利用料金は原則として従量課金制のため、利用した分だけのコスト負担で済みます。

次に、実際のEC2インスタンスの構築時の主な設定項目を説明します。

### ●Amazon Machine Image（AMI）の選択

EC2インスタンスは、「**AMI**」と呼ばれるイメージファイルから起動します。

イメージファイルにはインスタンスの起動に必要な**OSイメージ**と**ソフトウェア設定**が含まれているため、インスタンス起動後すぐにサーバーとして利用することができます。一般的にAWSで標準提供されているAMIを利用することが多いですが、ベンダーなどから提供されているAMIをAWS Marketplace（46ページを参照）から利用することもできます。

## ●インスタンスタイプの選択

　EC2インスタンスで利用するサーバースペックを**インスタンスタイプ**と呼びます。インスタンスタイプは、vCPU(仮想CPU)とメモリ容量の組み合わせがパッケージ化されており、多数の組み合わせから自由に選択できます。また、vCPUとメモリ容量のバランスによって、**インスタンスファミリー**と呼ばれるグループに分かれています。

　詳細は、「5-2　コスト効果が高いリソースの選定」を参照してください。

## ●インスタンスの詳細設定

　インスタンスの詳細設定では、EC2インスタンスを構築するネットワーク情報やIAMロールを設定します。

　詳細は、「2-2　アイデンティティ管理とアクセス管理」を参照してください。

## ●ストレージの設定

　EC2インスタンスに接続するストレージを設定します。ストレージは、Amazon EBSやインスタンスストアを選択することができます。

　詳細は、「1-5　ストレージサービス」を参照してください。

## ●タグの追加

　EC2インスタンスや設定したストレージに対して、タグ(AWSリソースに付けるラベル)を追加することで、運用の効率化や課金の振り分けを行うことができます。

　詳細は、「5-4　コストの管理」を参照してください。

## ●セキュリティグループの設定

　セキュリティグループは、EC2インスタンスへのアクセスを制限するファイアウォール機能です。

　ネットワークACLのサブネット単位での通信制御に加えて、セキュリティグループを使用することで、EC2インスタンス単位でアクセス制御を行うことができます。AWSでは、セキュリティグループを使ってアクセス制御を行うのが一般的です。

　詳細は、「2-3　ネットワークセキュリティ」を参照してください。

## ●キーペアの設定

EC2インスタンスへのログインは公開鍵認証方式をとっており、鍵認証を用いてログインします。

一般的には**キーペア**というサービスで公開鍵と秘密鍵を発行します。

公開鍵はAWSで管理され、EC2インスタンス起動時にコピーします。秘密鍵はダウンロードしてユーザーが保管し、EC2インスタンスへのアクセス時に使用します。秘密鍵を紛失した場合は、新しいキーペアを発行して別のEC2インスタンスを起動します。Amazon EBS-Backedインスタンス（後述）を利用している場合は、リカバリを実施する必要があります。

なお、秘密鍵を紛失すると、構築したEC2インスタンスにログインすることができなくなるため、取り扱いには注意が必要です。

【キーペアを利用した通信】

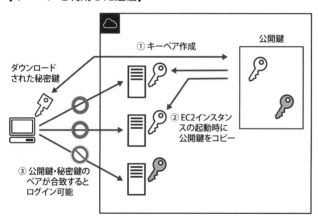

2022年4月5日にEC2インスタンスの新しい起動ウィザードが発表されました。これまで複数ページに分割されていたAMIやインスタンスタイプなどの設定項目が、1つのページにまとめられ、AMIの選択がより容易になりました。主要な設定項目は大きく変わっていませんが、詳細な設定や機能が増えているので、今後新しい起動ウィザードでEC2インスタンスを作成する場合は、注意が必要です。

## ●Amazon Machine Image（AMI）

AMIはEC2インスタンスを作成する際に使用する仮想マシンイメージで、

Amazon EBSのスナップショットとEC2インスタンスの構成情報から成っています。OSには、Red Hat Enterprise LinuxやUbuntuなどの各種Linuxディストリビューションと Microsoft Windows Server、AWSが提供しているAmazon Linuxが利用できます。

**AWS Marketplace**には、ミドルウェアがインストール済みのサードパーティー製AMIが用意されています。また、ユーザー自身が作成したAMIを利用することもできます。

AMIをAWS Auto Scalingなどのサービスで指定することで、同じ設定のEC2インスタンスを、必要なときに必要な分だけ自動で構築することができます。

【ユーザー自身がAMIを作成する場合のイメージ】

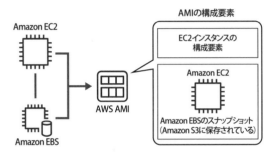

【ユーザーが作成したAMIや、AWS Marketplaceで入手したAMIからEC2環境を構築するイメージ】

AMIは、Amazon EBS-BackedもしくはInstance Store-Backedのどちらかに分類されます。EBS-BackedのAMIでEC2インスタンスを起動した場合、EBSがOSのルート領域として利用されます。EBSはEC2インスタンスを停止してもデータは残り続けます（不揮発性）。

Instance Store-BackedのAMIでEC2インスタンスを起動した場合、インスタ

ンスストアがOSのルート領域に利用されます。インスタンスストアはEC2イン
スタンスを停止するとデータが削除されます(揮発性)。

すでに動作しているEC2インスタンスと同じ環境を別のリージョンにも複製
したい場合は、以下の作業を行います。

① EC2インスタンスのAMIをコピーし、複製先として別のリージョンを指
　定する
② 新しいリージョンに複製されたAMIからEC2インスタンスを起動する

Amazon EBSとインスタンスストアの詳細は、「3-4　ストレージにおける高
可用性の実現」を参照してください。

現在のEC2インスタンスと同じ環境を別リージョンに複製する方法
を理解しておきましょう。

試験対策

## ●EC2インスタンスのライフサイクル

EC2インスタンスの状態は以下のように遷移します。

【EC2インスタンスのライフサイクル】

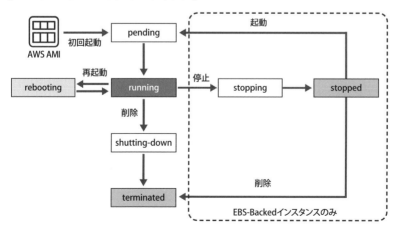

## 【EC2インスタンスの状態】

| 状　態 | 内　容 | 課金対象 |
|---|---|---|
| pending | running状態の前段階。初回起動時またはstoppedから起動する場合の状態 | 対象外 |
| running | EC2インスタンスが起動した状態 | 対象 |
| stopping※ | インスタンス停止準備中の状態 | 対象外 |
| stopped※ | シャットダウンされているため利用不可の状態。インスタンスの再開はいつでも可能 | 対象外 |
| shutting-down | インスタンス削除準備中の状態 | 対象外 |
| terminated | インスタンスが完全に削除されているため再開不可 | 対象外 |

※ Amazon EBS-Backedインスタンスでは停止処理が可能。Instance Store-Backedインスタンスでは停止状態に遷移できない。

## ●ユーザーデータとインスタンスメタデータ

　ユーザーデータとは、EC2インスタンスの初回起動時に1回だけスクリプトを実行できる機能です。AMIからEC2インスタンスを起動する際に、最新のコンテンツを反映する場合などに利用されます。

　以下に、AMIからEC2インスタンスを起動した際に、S3バケットに保管されている最新のコンテンツを配布する例を示します。

## 【ユーザーデータの利用例】

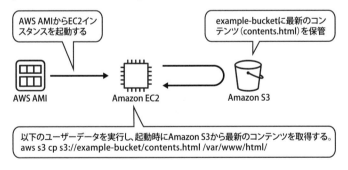

　インスタンスメタデータとは、EC2インスタンス自身に関するデータで、実行中のインスタンスを設定または管理するために使用されます。

　インスタンスメタデータは、リンクローカルアドレス[9]「http://169.254.169.

---

※9 【リンクローカルアドレス】169.254.0.0/16で定義されたローカルネットワーク上で使われる特別なIPアドレス。AWSの管理用としてバックエンドで利用されている。

254/latest/meta-data/」にブラウザやcURLコマンド[10]でアクセスして取得することができます。

具体的には、以下のような情報が取得できます。
・インスタンスID
・プライベートIPv4アドレス
・パブリックIPv4アドレス
・ローカルホスト名
・公開鍵

**試験対策**　インスタンスメタデータで取得できる情報と、ユーザーデータの用途を覚えておきましょう。

**参考**　新しい世代のEC2基盤のプラットフォームとして、AWS Nitro Systemが提供されるようになりました。EC2サービスは、AWS社が保有するデータセンターのホストサーバー上で、EC2用ソフトウェアを稼働させて提供されています。Nitro Systemでは、このソフトウェアをAWSが独自開発したハードウェアにオフロード（機能の一部をハードウェアで処理すること）することで、io1やio2などのEBSボリュームの利用時にさらに高いパフォーマンスを発揮します。

## ●Session Manager

EC2インスタンスへのログイン方法として、キーペアを使用した公開鍵認証方式がありますが、秘密鍵を紛失してしまうとログインができなくなります。

そのため、秘密鍵の管理をせずにEC2インスタンスにログインする仕組みとして、AWS Systems ManagerのSession Managerという機能を使ったログイン方法があります。Session Managerでは、鍵の代わりにIAMポリシーを使用してアクセス制御を行い、コンソールやCLIからワンクリックでEC2インスタンスにログインできます。また、AWS Systems ManagerのVPCエンドポイントを作成することで、プライベートサブネット上に作成されたEC2インスタンスに対しても、セキュアにアクセスできます。

---

※10 【cURLコマンド】さまざまな通信プロトコルでデータを送受信できるコマンド。

**試験対策** Session Managerを使用したEC2ログインの設定方法について理解しておきましょう。

## ●Auto Scaling

Auto Scalingは、リソースの使用状況をモニタリングし、その状況に応じてEC2インスタンスなどのAWSリソースを、自動でスケールアウトまたはスケールインするサービスです。Auto Scalingは、対象サービスと機能によって次の3つのサービスに分類されます。

### 【Auto Scalingの種類】

| 種　類 | 対象サービス | 機　能 |
|---|---|---|
| EC2 Auto Scaling | EC2 | スケーリングポリシーに従いEC2インスタンスをスケーリングする。 |
| Application Auto Scaling | EC2以外 | Amazon ECS サービスやAmazon EMRクラスター、Amazon Auroraレプリカなど、Amazon EC2以外のリソースを、使用状況に応じて自動スケーリングする。対象になるサービスは、以下を参照。<br>https://docs.aws.amazon.com/autoscaling/application/userguide/what-is-application-auto-scaling.html |
| AWS Auto Scaling | EC2、EC2以外 | 自動スケーリングと予測スケーリングの機能を持つ。予測スケーリングでは、過去のメトリクス（CPUの使用率などのリソース使用状況）を分析して、その結果に基づいて今後の利用量を予測し、適切なシステム利用状況になるよう管理する。EC2インスタンスやECSサービス、AuroraレプリカなどのAWSサービスが対象。対象になるサービスは、以下を参照。<br>https://docs.aws.amazon.com/autoscaling/application/userguide/integrated-services-list.html |

EC2 Auto Scalingでは、あらかじめ設定したAmazon Machine Image（AMI）からEC2インスタンスを起動するため、AMIを常に最新にしておくことが重要です。アプリケーションなどの設定は、ユーザーデータを利用してAmazon S3やGitリポジトリからソースやスクリプトを取得することで、EC2インスタンスを最新の状態にすることができます。

EC2 Auto Scalingを実行するには、次の3つの設定を行います。

## ●スケーリングプラン

いつ、どのような条件でAuto Scalingを実行するかを定義します。具体的には以下の条件で実行が可能です。

・ 正常なインスタンス数を維持するように実行
・ 手動でスケーリングを実行
・ スケジュールを指定して実行
・ CloudWatchのメトリクス（CPUの使用率などのリソース使用状況）に応じて自動実行

このうち、自動実行の場合は以下のポリシータイプが設定可能です。

【ポリシータイプ】

| ポリシータイプ | 説 明 |
|---|---|
| シンプルスケーリング | 1つのスケーリングポリシーに基づいて実行 |
| ステップスケーリング | Amazon CloudWatchアラームの設定に応じた一連のスケーリングポリシーに基づいて実行 |
| ターゲットトラッキングスケーリング | 特定のメトリクスのターゲット値を維持するように実行 |
| 予測スケーリング | 過去のAmazon CloudWatch履歴データから予測データを作成し、その予測に基づいて実行<br>※事前に履歴データが作成されている必要有 |

## ●起動設定

Auto Scalingの実行時に起動するEC2インスタンスの情報を定義します。具体的には、使用するAMI、インスタンスタイプ、セキュリティグループ、キーペアなど、Amazon EC2を構築する際に必要なパラメータを定義します。

## ●Auto Scalingグループ

EC2インスタンスの管理を行う範囲のことを指し、Auto Scalingで実際に起動するEC2インスタンスの最小数、最大数、希望数を定義します。ここで定義した範囲内でEC2インスタンス数が増減します。

# 【Auto Scalingのイメージ】

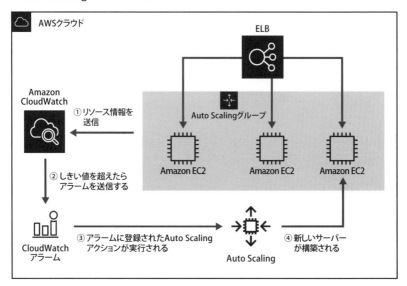

## 2　コンテナ関連のサービス

AWSには、コンテナ関連のサービスとして以下のものがあります。

### ●Amazon Elastic Container Service（ECS）

　Amazon ECSはフルマネージド型のコンテナオーケストレーションサービスです。ECSを利用することで、Dockerコンテナを簡単に実行、停止、管理することができます。

　**コンテナ**とは、ホストOS上に作成された論理的な領域で、その領域が通常のサーバーのように動作する仮想環境となります。また、**コンテナオーケストレーション**は、複数のコンテナの管理・起動・削除・監視などが行えるツールです。

　**Docker**[11]は、ドッカー社が開発している「コンテナ型の仮想環境を作成、配布、実行するプラットフォーム」です。

　「仮想環境」というと、ヴイエムウェア社のvSphereなどの仮想マシン環境をイメージするかもしれませんが、Dockerはそうした技術とは少し異なります。

　VMwareをはじめとするハイパーバイザー型の仮想化ソフトウェアの場合は、次の図のように、物理マシン上でハイパーバイザーを利用し、その上でゲストOSを動作させます。

　これに対してコンテナは、物理マシンのホストOS上にコンテナ仮想化ソフトウェアをインストールし、そのソフトウェア上で仮想環境を動作させます。

**【ハイパーバイザー型仮想化とコンテナ型仮想化の違い】**

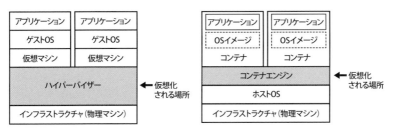

---

※11　【Docker】コンテナ仮想化によってアプリケーションを迅速に開発・展開・実行するためのオープンプラットフォーム。読み方は「ドッカー」。次のWebページを参照。
https://docs.docker.com/

コンテナはOS部分の機能を共有しますが、CPUやメモリ、ネットワークなどの各リソースを論理的に分割することで、個々のコンテナの独立性を確保しています。そのため、1コンテナあたりのリソース消費を抑えることができ、1台のサーバーで多くのコンテナを稼働させることができます。

　1台のサーバーでコンテナを1台だけ稼働させるのであれば、その管理は簡単です。しかし、業務で利用する場合は数十台や数百台、場合によってはそれ以上の規模のサーバー上でコンテナを稼働させることもあります。

　これらをすべて手動で管理することは困難なため、実際に利用する際には複数のコンテナをシステムが管理するような機能が必要となります。この機能を持つサービスが、**Amazon ECS**です。

　ECS環境を構築するには、以下のような作業を行います。

### ① クラスター作成

　ECSはDockerコンテナ管理サービスですが、コンテナ自体はEC2インスタンスやオンプレミスのサーバーや仮想マシン(VM)、AWS Fargateなどのインフラストラクチャ上で動作します。それらのインフラストラクチャを論理グループ化して管理するタスクまたはサービスを「**クラスター**」といい、ECS環境の構築では、まずこのクラスターを作成します。

　インフラストラクチャにEC2インスタンスを利用する場合は、クラスター作成時にEC2インスタンスタイプやインスタンス数、EBSストレージの容量などを設定できます。EC2インスタンス以外のインフラストラクチャを利用する場合は、クラスター作成後に紐付け設定する必要があります。

### ② タスク定義

　ECSの実行環境を定義するために、タスク定義という設定を作成します。この定義では、Dockerイメージの格納先やメモリ使用量の制限、ネットワーク、ストレージ、ヘルスチェックに関する項目の設定を行います。

　コンテナイメージを取得するタスク実行ロールや、コンテナから他のAWSサービスへのAPIリクエストに使われるタスクロールもここで指定します。

### ③ ELB設定

　トラフィックをコンテナ全体に分散して処理できるようにするために、Elastic Load Balancing(ELB)の設定を行います。

④ サービス設定

クラスター上で起動するコンテナ数や起動するコンテナの最大数などを設定します。

以上の設定を行うと、設定された内容どおりにコンテナ環境が動作するようECSが管理してくれます。

**試験対策** Amazon ECSで利用されるタスクロールと、タスク実行ロールの違いを覚えておきましょう。

## ●Amazon Elastic Container Service Anywhere（ECS Anywhere）

ECSをユーザーが所有するインフラストラクチャ環境上で実行させたい場合は、Amazon ECS Anywhereを利用することで実現できます。

ただし、既存のインフラストラクチャ環境でコンテナを実行できることはメリットですが、対応しているOSが限定されていたり、実行するインフラストラクチャ環境からAWS APIに接続できる必要があるなど、いくつかの制限事項があるため注意が必要です。

## ●Amazon Elastic Kubernetes Service（EKS）

EKSはECSと同様のフルマネージド型のコンテナオーケストレーションサービスの1つですが、Kubernetes向けのサービスであることがECSとは異なります。

Kubernetes[12]は、分散されたホスト上でDockerなどのコンテナを利用するためのオーケストレーションツールです。ユーザーからは、分散されているホストを意識することなく、1台のマシンで動作しているコンテナにアクセスするような感覚で利用できます。

ECSと同様に、ユーザーがインスタンス数やEBSストレージの容量を定義すると、状況をモニタリングしながらその状態になるように自動管理され、負荷の増減についても自動でスケールして対応できる仕組みになっています。さらに、多くのコンテナを効率よく管理できる仕組みも備わっています。

---

※12 【Kubernetes】Dockerなどのコンテナを運用管理、自動化するためのオープンソース・ソフトウェア。読み方は「クーベネティス」または「クバネティス」など。次のWebページを参照。
https://kubernetes.io/ja/

Amazon ECSとAmazon EKSとの違いは、コンテナのオーケストレーションにあります。ECSはAWS独自のコンテナオーケストレーションを採用していますが、EKSはKubernetesを採用しています。

## ●Amazon Elastic Kubernetes Service Distro（EKS Distro）

EKSの機能を使用しながらもKubernetesの管理をユーザー側で行いたい場合は、オープンソースとして公開されているEKS Distroを使用すると実現できます。

EKS DistroはKubernetesディストリビューションとして提供されているソフトウェアで、インストールする環境をAWSに限定しないため、ユーザーが保有しているインフラストラクチャ環境にインストールができます。

ただし、EKS Distroをインストールした環境ではAWSのEKSコンソールは使用できないため、EKSの機能を使用してKubernetesクラスターの管理やライフサイクル管理などを行うことができます。

## ●Amazon Elastic Kubernetes Service Anywhere（EKS Anywhere）

EKS Distroを使用してAWS以外の環境に構築されたKubernetesクラスターをAWSのEKSコンソールで管理したい場合は、Amazon EKS Anywhereを使用します。

EKS AnywhereのEKS Connectorという機能を利用すると、EKSコンソールからEKS Anywhereのコマンドで構築したKubernetesクラスターやKubernetesリソースを確認することができます。

## ●AWS Fargate

コンテナ向けの**サーバーレスコンピューティングエンジン**で、ECSとEKSの両方で動作します。

手動でコンテナの管理を行う場合は、たとえば次のような作業が必要になります。

・コンテナイメージのビルド
・ECSインスタンスの定義とデプロイ
・コンピューティングリソースおよびメモリリソースのプロビジョニングと管理
・アプリケーションを別々の仮想マシンに分離させる
・アプリケーションとインフラの両方を別々に実行して管理

これらの作業は手間がかかりますが、Fargateを利用することでユーザーは、コンピューティングリソースとメモリリソースの定義やアプリケーションの実行・管理を行うだけでよく、スケールを含むその他のコンテナの管理をFargateに任せることができます。

最近ではコンテナ関連のサービスがよく利用されています。コンテナ関連のサービス名とその機能を覚えておきましょう。

Amazon ECSやAmazon EKSは、コンテナを管理するサービスに分類されます。ただし、これらのサービスでコンテナそのものが動作するわけではありません。実際にコンテナが動作する環境は、EC2インスタンスやFargateです。
EC2インスタンスを利用すると詳細な設定ができるようになりますが、その分だけEC2インスタンスの管理が必要になります。
また、Fargateはサーバーレスなサービスであるため、EC2のような動作環境の管理が不要になります。

## ●Amazon Elastic Container Registry（ECR）

Amazon ECRはフルマネージド型のコンテナイメージレジストリサービスです。Dockerコンテナイメージをセキュアに管理することができます。

Dockerコンテナイメージとは、Dockerコンテナを作成するためのOSやコマンド、設定などをまとめたファイルで、コンテナはこのコンテナイメージに記載されているとおりに構築、起動されます。ECSやEKSでは、ECRやDocker Hubなどのレジストリサービスに登録されたイメージを元にコンテナが起動されます。

## 3　AWS Lambda

**AWS Lambda**は、サーバーなどのコンピューティングリソースを意識することなく、「Lambda関数」と呼ばれるアプリケーションコードをデプロイしただけで実行することができるサーバーレスなサービスです。アプリケーションを実行するインフラストラクチャはAWSが管理するため、スケーリングも不要で、

実行する際のリソース(メモリ容量)と実行時間に対して課金されます。ただし、Lambdaは実行時間に制限があるため、時間を要する処理には不向きです。

LambdaはさまざまなAWSサービスと連携が可能で、イベント駆動型のアプリケーションを実行することができます。たとえば、Amazon S3にコンテンツファイルがアップロードされたことをトリガーとして、LambdaでアップロードされたファイルをEC2インスタンスへ連携することができます。

【Lambdaへの連携イメージ】

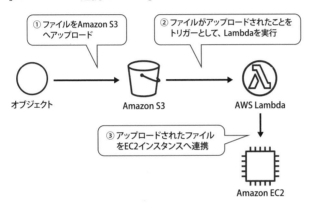

AWS Lambdaがサポートしているサービスの詳細は、以下を参照してください。
https://docs.aws.amazon.com/ja_jp/lambda/latest/dg/lambda-services.html

AWS Lambdaがサポートしているプログラミング言語については、以下を参照してください。
https://docs.aws.amazon.com/ja_jp/lambda/latest/dg/lambda-runtimes.html

### ●環境変数

Lambdaではアプリケーションコードとは別に、関数ごとに環境変数を設定することができます。

環境変数はキーと値のペアで構成され、キーには文字、数字、アンダースコ

ア「_」のみ設定できます。設定された環境変数はアプリケーションコードから
キー名で呼び出すことができるため、キー名に紐付く値が変更されたとしても、
アプリケーションコードを書き換える必要がありません。たとえば、開発環境
のLambda関数から接続するデータベース名を環境変数に設定すれば、本番環
境にデプロイする場合は、環境変数のデータベース名のみを書き換えるだけで
済みます。

**試験対策**

ここでは、一例としてデータベースの認証情報を環境変数に設定す
る方法を説明しましたが、セキュリティの観点から、認証情報など
の情報漏洩対策が必要なパラメータは、環境変数での設定を推奨さ
れていません。認証情報をアプリケーションコードで使用する際は、
AWS Secrets ManagerやAWS Systems Manager Parameter Storeと組
み合わせて設定する方法が推奨されていることを、理解しておきま
しょう。

### ●ExecutionRole

Lambdaにアタッチされた IAM ロールのことです。

Lambda は、IAM ロールの権限に従って各 AWS サービスへアクセスするため、
IAM ロールによるアクセス制御設計が必要になります。そのために、この
ExecutionRole を利用します。

### ●ロギング

すべての Lambda 関数の処理結果は、CloudWatch Logs に保存されます。

### ●Lambda@Edge

Lambda という名前が付いていますが、実際には Amazon CloudFront の機能です。

Lambda 関数は、アプリケーションのユーザーに最も近い場所でコードが実
行されるため、アプリケーション実行時のパフォーマンスが向上し、待ち時間
が短縮されます。

Lambda@Edge の詳細は、「4-2　ネットワークサービスにおけるパフォーマ
ンス」を参照してください。

Amazon API GatewayはAPIの作成、配布、保守、監視、保護を簡単に行えるサービスです。

EC2インスタンスやLambdaと組み合わせることで、Webアプリケーションのバックエンドやデータ、ビジネスロジックにアクセスすることができます。API Gateway自体はサーバーを管理する必要がないため、Lambdaと組み合わせることでサーバーレスアプリケーションを実装することができます。

次の図は、クライアントからAPIを実行するだけで、Amazon S3バケットに保管された画像ファイルを自動でリサイズすることを想定したサーバーレスなシステムの例です。

【API GatewayとLambdaの連携イメージ】

クライアント　　Amazon API Gateway　　AWS Lambda　　Amazon S3

①クライアントから
API を実行

②API Gatewayを経由して
Lambdaのコードを実行

③LambdaでS3の画像データ
をリサイズして保管

●APIエンドポイントタイプ

API Gatewayを作成すると、特定のリージョンにAPIがデプロイされます。その際にデプロイされたAPIのホスト名のことを、**APIエンドポイント**と呼びます。

APIエンドポイントにはAPIトラフィックの発信元によって、3つのタイプが存在しています。また、各APIによって使用可能なエンドポイントタイプが異なります。各APIエンドポイントタイプの違いと使用可能なAPIを、次の表に示します。

【APIエンドポイントタイプ】

| エンドポイント名 | トラフィックの発信元 | 使用可能なAPI |
|---|---|---|
| リージョンAPIエンドポイント | API Gatewayと同一リージョン内のクライアント | HTTP API、REST API |
| エッジ最適化APIエンドポイント | 地理的に分散されたクライアント | REST API |
| プライベートAPIエンドポイント | VPC内のクライアント | REST API |

試験対策　APIエンドポイントタイプの違いについて理解しておきましょう。

## 5　アプリケーションデプロイ関連のサービス

AWSには、アプリケーションデプロイ関連として以下のサービスがあります。

### ●AWS Amplify

**AWS Amplify**は、Webアプリケーションやモバイルアプリの開発、デプロイ、管理を簡単に行うための開発プラットフォームです。Amplifyには以下のようなサービスやツールが用意されており、これらを利用することで、数回のコマンドや画面操作でバックエンドのAWSサービスが構築できたり、フロントエンドのアプリケーションとの連携を簡単に実装することができます。

- ・Amplify CLI
- ・Amplify Framework
- ・Amplify Developer Tools

たとえば、Amplify CLIで構築する場合、以下の構文でコマンドを実行します。
カテゴリは、認証、API、ストレージなど構築したいサービスに応じて選択します。

【Amplify CLIの構文】

| コマンド | コマンド内容 |
|---|---|
| amplify add [カテゴリ名] | 設定の追加 |
| amplify update [カテゴリ名] | 設定の更新 |
| amplify remove [カテゴリ名] | 設定の削除 |
| amplify status [カテゴリ名] | 設定ステータス表示 |
| amplify push [カテゴリ名] | バックエンド構築 |

　コマンドによってバックエンドが構築されると、構築したAWSサービスの情報が記載された設定ファイルが生成されます。
　生成された設定ファイルをフロントエンドのアプリケーションに読み込ませることで、アプリケーションからバックエンドとして構築したAWSサービスに接続させることができます。

**試験対策**　AWS Amplifyの各サービスと使い方について理解しておきましょう。また、Amplifyで構築可能なAWSサービスも確認しておきましょう。

**参考**　GUIで提供されるグラフィカルな開発環境として、Amplify Studioと呼ばれる機能も用意されています。

## ●AWS Elastic Beanstalk

　**AWS Elastic Beanstalk**は、少ない手順でWebアプリケーションやサービスをサーバーにデプロイでき、また、実行環境も管理できるサービスです。アプリケーションを実行しているインフラストラクチャについて深く理解していなくても、アプリケーションのデプロイとその管理を簡単に行うことができます。
　開発したWebアプリケーションをアップロードすると、Elastic Beanstalkが自動的に容量のプロビジョニング、負荷分散、拡張、アプリケーション状態の監視を行います。このほかにも、アップロードしたWebアプリケーションのライフサイクル管理や時間ベースのスケーリング設定などにも対応しているため、構築したいシステムに合わせた柔軟な設定が可能です。

Elastic Beanstalkが対応しているアプリケーションには、Java、.NET、PHP、Node.js、Python、Ruby、Goがあります。また、コンテナ(Docker)にも対応しています。

アプリケーションをデプロイするサーバーとしては、Apache HTTP Server、Nginx、Passenger、Puma、Microsoft Internet Information Services(IIS) などがあります。

試験対策

AWS Elastic Beanstalkで使用可能なデプロイポリシーについても確認しておきましょう。

参考

AWS AmplifyとAWS Elastic Beanstalkはどちらもアプリケーションのデプロイと管理の機能を提供しますが、それぞれのサービスを利用する目的が異なります。

AmplifyはAWS上で開発を行う際のプラットフォームの提供を行うため、アプリケーション開発の簡略化と迅速化が利用する目的になります。

一方のElastic Beanstalkは、アプリケーションをアップロードするのみで開発機能は提供されていないため、インフラストラクチャのデプロイ・管理の簡略化と迅速化が目的になります。どちらのサービスが最適かの判断は、構築するアプリケーションやシステムによって異なるため、事前に目的や用途を確認しておく必要があります。

## 6　移行関連のサービス

AWSには、次のような移行関連のサービスがあります。

### ●VM Import/Export

VM Importは、オンプレミス環境に作成した仮想サーバーのマシンイメージを、AWSのEC2インスタンスにインポートすることができるEC2サービスの機能の1つです。

VM Exportは、VM ImportによってAWS上にインポートされたEC2インスタンスを、オンプレミス環境で動作する仮想サーバーのマシンイメージへエクスポートする機能です。

これらの機能によって、既存の仮想マシンを無駄にすることなく容易にAWS上に移行することが可能となります。

## ●AWS Migration Hub

**AWS Migration Hub**は、オンプレミス環境などで稼働する既存サーバーをAWSに移行する際の移行対象や移行計画、移行ステータスを、一元的に管理するための機能を提供するサービスです。

Migration Hubを使用する際の移行フローを、次の図に示します。また、検出とグループ化を使用せずに、直接移行することもできます。

【移行フロー】

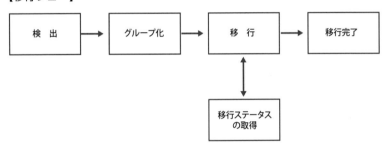

フローの検出と移行の機能はMigration Hubでは提供されておらず、別のAWSサービスを利用する必要があります。

以下にそのAWSサービスを記載します。

### ● 検出

- ・Migration Hubインポート
- ・Migration Evaluator Collector
- ・AWS Agentless Discovery Connector
- ・AWS Application  Discovery Agent

### ● 移行

- ・AWS Application Migration Service（AWS MGN）
- ・AWS Server Migration Service（AWS SMS）
- ・AWS Database Migration Service（AWS DMS）

AWS Server Migration Service（SMS）は2022年3月31日で廃止され、2022年4月1日以降はAWS Application Migration Service（AWS MGN）が推奨されています。

## ●AWS Application Discovery Service

**AWS Application Discovery Service**は、オンプレミス環境にある移行対象サーバーの使用状況と構成データなどを収集するサービスです。収集されたデータはMigration Hubのコンソールに集約・管理されます。

データの収集方法として、エージェントレス検出（AWS Agentless Discovery Connector）とエージェントベース検出（AWS Application Discovery Agent）の2つがあります。VMWare仮想マシンからの収集であればエージェントレス検出、それ以外のVMまたは物理サーバーからの収集であればエージェントベース検出を利用します。

## ●AWS Application Migration Service（AWS MGN）

**AWS Application Migration Service**は、オンプレミス環境やVMware仮想マシンなどからAWSへ、アプリケーションを移行するためのサービスです。移行元の既存サーバーにレプリケーションエージェントをインストールし、AWS上にデータをレプリケーションして、AWS MGNコンソールから行う移行テストで問題なければ、カットオーバー作業を行うことで移行ができます。また、AWS Migration Hubと事前に接続しておくことで、移行の進行状況とステータスをMigration Hubのコンソールから確認できます。

AWS Application Migration Service（MGN）は、一部のAWSリージョンではサポートされていないため、利用する際は、まずサポートされたリージョンか確認する必要があります。
利用したいリージョンでサポートされているAWSサービスは、次のWebページから確認することができます。
https://aws.amazon.com/jp/about-aws/global-infrastructure/regional-product-services/

AWSには、以下のようなコンピューティングサービスも用意されています。

## ●Amazon Lightsail

Amazon Lightsailは、オールインワンのプラットフォームとして設計されたコンピューティング サービスです。アプリケーションやWebサイトをすばやく構築できるように、仮想サーバーやストレージ、データベース、ネットワークなどの環境を簡単に構成することができます。

## ●AWS Batch

AWS Batchは、インフラストラクチャの管理が不要なバッチ処理の実行環境を提供するサービスです。定期的に特定コマンドを実行したい場合や、GPUが必要な計算を手軽に行いたい場合などに利用できます。

AWS Batchの作業単位をジョブと呼びます。ジョブはコンテナで実行されるため、事前にDockerイメージの準備が必要です。ジョブを実行するために必要なパラメータや実行環境などは、ジョブ定義で指定できます。

## ●AWS Serverless Application Repository

AWS Serverless Application Repositoryは、開発したサーバーレスアプリケーションをデプロイ・管理するためのサービスです。デプロイしたアプリケーションは公開することもでき、公開したアプリケーションは他のユーザーが利用できます。アプリケーションを公開するには、AWS Serverless Application Modelテンプレートのマニフェストファイルをアップロードする必要があります。

参考

AWS Serverless Application Model（SAM）とは、サーバーレスアプリケーションを開発する際に使用できるOSSのフレームワークの1つです。
AWS SAMでは、ローカルでのデバッグ機能やCloudFormation拡張のデプロイ機能などが提供されているため、アプリケーション開発の速度を高めながら管理されたインフラストラクチャを構築することが容易になります。

## ●VMware Cloud on AWS

**VMware Cloud on AWS**は、AWSのインフラストラクチャ上で稼働する VMwareソフトウェアベースのクラウドサービスです。オンプレミス環境で稼働するVMware環境をAWSに移行することで、既存のVMware環境を大幅に変更することなく、AWSの耐障害性や拡張性といったメリットを享受することができます。

## ●AWS Device Farm

**AWS Device Farm**は、モバイルアプリやWebアプリケーションをテストするために、実際の電話やタブレットの環境を提供するサービスです。自動アプリテストとリモートアクセス操作が提供されており、ユーザーはデバイススロットと呼ばれる単位でスロット数を購入し、購入したスロットの分だけデバイスを利用できます。

参考　AWS Device Farmはオレゴン地域（us-west-2）のみで利用できます。

## ●Amazon Pinpoint

**Amazon Pinpoint**は、ユーザーが指定した特定の対象者に複数の方法でメッセージを送り、その対象者の行動や反応の分析などができるサービスです。また、セグメントと呼ばれる単位で対象者をグルーピングすることで、送信先の管理を行うこともできます。

Amazon Pinpointで利用可能なメッセージ送信方法には、以下のような方法があります。

- ・プッシュ通知
- ・メール
- ・SMS
- ・音声
- ・アプリケーション内メッセージ
- ・カスタムチャンネル経由メッセージ

## ●AWS AppSync

**AWS AppSync**は、GraphQLをマネージドで提供するサービスです。GraphQLとは、API向けに作られたクエリ言語のことで、1つのエンドポイントを使用して必要なデータのみ取得できるため、APIリクエストの回数を削減できるなどの特徴があります。

Amplifyにも統合されており、フロントエンドのアプリケーションからバックエンドのAWSサービスにクエリを実行する際に利用されるケースもあります。

## ●AWS Compute Optimizer

**AWS Compute Optimizer**は、Amazon EC2やAmazon EBSなどのAWSリソースについて、設定項目のチェックやメトリクス分析を実行し、ワークロードを最適化するための推奨事項を作成するサービスです。対象リソースは、EC2インスタンス、EC2 Auto Scalingグループ、EBSボリューム、Lambda関数の4つで、推奨事項を作成するためにはメトリクスデータがある程度取得されている必要があります。

有料機能を有効化することで、過去3カ月間のメトリクス分析結果を閲覧できます。デフォルトでは過去14日間分の結果を見ることができます。

## ●Amazon Elastic Transcoder

**Amazon Elastic Transcoder**は、Amazon S3上に保存されたメディアファイルを変換するためのサービスです。変換処理はジョブというコンポーネントで実行し、ジョブはパイプラインと呼ばれるグループにまとめられ、実行順序などを含めて管理されます。変換処理にはデフォルトでプリセットがいくつかあり、カスタマイズした独自のプリセットを作成することもできるようになっています。

## Q 演習問題

**1** ある会社では、システムの担当者はSSH鍵を使用して複数のEC2インスタンスを管理していますが、管理のオーバーヘッドを極力減らしたいと考えています。次の選択肢のうち、要件を満たすために使用するソリューションを1つ選択してください。

 A AWS Security Token Service（AWS STS）

 B AWS Systems Manager

 C AWS Command Line Interface（AWS CLI）

 D AWS Key Management Service（AWS KMS）

**2** ある企業のアプリケーションはAPI Gateway、Lambda、DynamoDBで構築されており、毎日かなりの量のリクエストが発生しています。アプリケーションを世界中に展開し、常にミリ秒のレイテンシーでアクセスできるようにするためには、どのAPI Gatewayエンドポイントタイプでデプロイしたらよいですか。

 A リージョンAPIエンドポイント

 B グローバルAPIエンドポイント

 C エッジ最適化APIエンドポイント

 D プライベートAPIエンドポイント

**3** オンプレミス環境のサーバーで実行中のアプリケーションとデータベースを、最小限の作業でAWSに構築したいと考えています。また、AWSに構築後も、アプリケーションで発生した更新を本番環境に反映させる際に、ダウンタイムを発生させないソリューションを、以下から1つ選択してください。

 A AWS CodeDeploy

 B AWS Amplify

 C AWS Elastic Beanstalk

 D AWS CloudFormation

**1** B

EC2へのログイン方法の知識を問う問題です。SSH鍵を使用せずにEC2インスタンスにログインするためには、AWS Systems ManagerのSession Manager機能を使用します。SSH鍵の管理が不要になるので、管理オーバーヘッドを減らすことができます。

問題文では言及されていませんが、Session Manager機能を使用するほかに、AWS Systems ManagerのVPCエンドポイントの作成が必要です。B以外の選択肢では、EC2のログインはできません。

**2** C

API GatewayのAPIエンドポイントは、APIトラフィックの発信元によって選択します。

問題文では、世界中にアプリケーションを展開するとあるので、地理的に分散されたクライアントからのアクセスに適したエッジ最適化APIエンドポイントでデプロイします。

AとDのエンドポイントは、アプリケーションと同一リージョン、または同VPC内からのアクセスに適したもので、Bのエンドポイントは存在しません。

**3** C

AWSのデプロイサービスについての知識を問う問題です。

問題文から、アプリケーションとインフラのどちらもデプロイ可能なサービスを選択する必要があるため、DのAWS CloudFormationは適当ではありません。

また、AのAWS CodeDeployは構築作業に多くの手順が必要で、BのAWS Amplifyではデータベースのデプロイは提供されていません。

アプリケーション更新時のダウンタイムの最小化はいずれも実現可能ですが、最小限の構築作業かつデータベースもデプロイ可能なサービスは、**C**のAWS Elastic Beanstalkのみです。

# 1-5　ストレージサービス

AWSでは、代表的なストレージサービスのAmazon S3やAmazon EBSをはじめ、さまざまなストレージサービスが提供されています。本節では、AWSにおける各ストレージサービスの概要を説明します。

## 1　Amazon Simple Storage Service（S3）

**Amazon S3**は、高耐久・大容量のオブジェクトストレージサービスです。**オブジェクトストレージ**とは、データをオブジェクトとして扱い、IDとメタデータによって管理する方式です。S3では「**バケット**」と呼ばれる単位で保管するオブジェクトを管理します。

S3に保存したオブジェクトは、デフォルトで**同一リージョン内の3カ所のアベイラビリティーゾーン（AZ：Availability Zone）**へ自動的に複製されます。

オブジェクトの耐久性は99.999999999％（イレブン・ナイン）に達し、オブジェクトストレージとしてだけでなくバックアップストレージとしても利用できます。また、利用できる容量は実質的に制限がなく、利用した分だけの料金が発生するため、非常に導入しやすいことが特徴です。ただし、1ファイルあたりのサイズには制限があるので注意が必要です。

以下では、S3の機能について詳細を説明します。

### ●データの復元性と大規模災害対策に関するS3の機能

S3は非常に高い耐久性を備えており、データ損失の可能性は限りなく低くなっています。しかし、誤ってデータを削除してしまうケースや、大規模災害の影響で特定のリージョン内に保管したS3のデータが利用できなくなるケースなども考えられます。

誤ってデータを削除するケースでは、オブジェクトロック機能やバージョニング機能を有効化することで対策できます。また、大規模災害などの影響でS3が利用できないケースでは、クロスリージョンレプリケーションで対策できます。

## ●オブジェクトロック機能

オブジェクトロック機能は、オブジェクトの上書きまたは削除の操作を防止できる機能です。オブジェクトロックを設定することで、オペレーションミスなど意図しないオブジェクトの削除を防止することができます。ロック期間として、一定期間または無期限を設定することができます。

## ●バージョニング機能

バージョニングとは、オブジェクトの世代管理を提供する機能です。保管しているオブジェクトを誤って更新・削除した際に、設定に基づいて以前の世代へ戻すことが可能です。バージョンは、オブジェクト単位でバージョンIDにより管理されます。

S3では、同名のオブジェクトをアップロードすると、標準では上書きされます。また、MFA Deleteを有効化すると、特定のバージョンを削除したりバケットのバージョニング状態を変更する際に、多要素認証を要求するように設定することもできます。

## ●クロスリージョンレプリケーション

S3に保存したデータは、デフォルトで同一リージョン内の3カ所のAZへ自動的に複製されますが、クロスリージョンレプリケーションを有効化すると、オブジェクトを別リージョンのS3バケットに自動的に複製できます。複製先には、別のAWSアカウントも指定できます。

**試験対策**

Amazon S3は、高耐久性ストレージとして、データストレージをはじめバックアップやアーカイブ用途、データレイクなどで利用します。標準で高い可用性を備えていますが、オブジェクトロック機能やバージョニング機能を利用して、意図しないデータロストからデータを保護できることが重要です。

**参考**

クロスリージョンレプリケーションとは別に、同じAWSリージョン内のバケット間でオブジェクトを自動的に複製するセイムリージョンレプリケーションという機能が用意されています。クロスリージョンレプリケーションは主にDR（災害復旧）などで利用しますが、セイムリージョンレプリケーションは、さまざまなログを集約したり、アクセス権限を変更して読み取り専用から外部からの閲覧を可能にする、などの用途で主に利用されます。

## ●S3におけるセキュリティ対策

S3には、重要なデータや閲覧者を限定したデータが保管されることもあるため、データのセキュリティを確保するための施策が非常に重要です。

## ●アクセス制御

S3は、主に以下の4つの方法でアクセス制御を行います。

### ● IAM ポリシーによるアクセス制御

IAMポリシーによる制御を行います。IAMユーザーやIAMロールからRead、Get、Put操作に対する制御などを行うことが可能です。

### ● バケットポリシーによるアクセス制御

**バケットポリシー**とは、あるS3バケットに対して、JSON[13]コードを記載してバケット全体のアクセス制御を行う機能です。バケットポリシーを設定することで、IPアドレスによる制御やIAMユーザーに対して、S3バケットのアクセス権を細かく制御することができます。

### ● ACL によるアクセス制御

S3バケットに対して、AWSアカウントレベルのアクセス制御を行います。ACLからパブリックアクセスの設定を行うことで、不特定多数のユーザーへファイルを公開することも可能です。

### ● ブロックパブリックアクセスによるアクセス制御

前述したアクセス制御のうち、特にバケットポリシーとACLによるアクセス制御では、S3の各バケットや各オブジェクトデータを監視しておかないと、意図せず外部に公開されてしまうという問題がありました。そのような場合は、**ブロックパブリックアクセス**によるアクセス制御を行うことで、バケットポリシーやACLの設定に対して一括で制限を設けることができます。

## ●暗号化

S3バケットに保管されたデータは暗号化されます。暗号化には、クライアントサイドの暗号化と、サーバーサイドの暗号化の2種類があります。サーバサ

---

※13 【JSON】JavaScript Object Notation：データ記述言語の1つ。キーとバリューの構成でデータを表現する。

イドでは、以下の3種類の方式で暗号化を行います。

- S3のデフォルトキーを使用したAES-256[14]暗号化
- AWS Key Management Service（KMS）で管理されている鍵によるAES-256暗号化
- ユーザーの任意の鍵によるAES-256暗号化

S3のデフォルトキーまたはAWS KMSを利用した暗号化は、AWS側で鍵の管理を行いますが、ユーザーの任意の鍵を使用する場合は、暗号化鍵と暗号化したオブジェクトのマッピングは、ユーザーが管理する必要があります。

## ●S3のコスト最適化

S3は、容量あたりの料金が非常に安価に抑えられていますが、用途に応じた適正な機能を利用することで、さらにコストを最適化できます。S3では、ユースケースに応じて「**ストレージクラス**」と呼ばれる利用レベルを選択することができます。

主なストレージクラスは、以下のとおりです。

### ● 標準（Standard）

デフォルトのストレージクラスで、99.999999999％の高耐久性を備えています。

### ● 標準 - 低頻度アクセス（Standard - Infrequent Access）

スタンダードと同じ耐久性を備えたストレージクラスで、スタンダードと比較して低コストで利用可能です。ただし、データの読み取りに対して課金されるため、長期保管やバックアップ用途向けに利用されます。

### ● 1 ゾーン - 低頻度アクセス（One Zone - Infrequent Access）

標準低頻度アクセスほど耐久性を必要としない場合に利用するストレージクラスです。1カ所のAZのみにデータを保存するため、標準低頻度アクセスよりさらに安価で利用することができます。

---

※14 【AES-256】Advanced Encryption Standard 256bit：暗号化鍵に256ビット長を使用する暗号化方式。「AES」と呼ばれる。DES（Data Encryption Standard）よりも暗号化強度が高いとされる。

### ● 低冗長化ストレージ（Reduced Redundancy Storage）

スタンダードでは3カ所のAZにレプリケーションされるのに対して、2カ所にすることで、耐久性は低下するもののコストを抑えて利用できるストレージクラスです。

### ● Intelligent-Tiering

低頻度・高頻度の2階層のストレージ層を用意し、S3上に格納したオブジェクトへのアクセス頻度に応じて、コストに見合った最適なストレージ層を自動的に使い分けるストレージクラスです。S3がオブジェクトを最適な階層に格納するため、コスト最適化が自動的に行えます。

### ● Amazon S3 Glacier

アーカイブを目的としたストレージで、大容量のデータをより安価に保管することができます。Glacierには3種類のストレージクラスがあります。

#### Glacier Instant Retrieval

Glacier Instant Retrievalは、おおよそ四半期に1回程度しかアクセスされることがなく、S3スタンダードと同等のミリ秒単位の取り出しが必要な長期間保管用データに最適なアーカイブストレージクラスです。医療画像やゲノムデータなど、普段は利用しないものの急に必要とされるデータの利用に適しています。

#### Glacier Flexible Retrieval

Glacier Flexible Retrievalは、従来ではGlacierと呼ばれていたクラスを指し、年に1、2回程度しかアクセスされることがないものの、時々取り出す必要があるデータに最適なアーカイブストレージクラスです。データの取り出しに数分〜数時間の時間が許容されるバックアップデータなどの利用に適しています。

#### Glacier Deep Archive

Glacier Deep Archiveは、S3のなかで最も低コストに利用できるストレージクラスで、年に1、2回程度しかアクセスされないようなデータに最適なアーカイブストレージクラスです。データの取り出しには数時間以上を要しますが、データ保管要件が厳しい業界や数年〜十数年以上にわたってデータを保管する要件に適しています。

また、S3では、ライフサイクルポリシーを設定することで、設定した期間が経過したあと、オブジェクトを自動で削除したりアーカイブすることができます。これは、バックアップデータやログデータなど、保存期間の要件を過ぎたデータの削除／アーカイブに手を加えることなく自動で実行できるため、コストの抑制につながります。

【ライフサイクルポリシー】

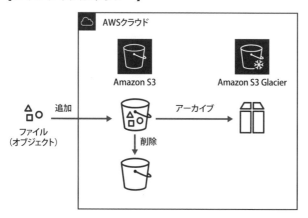

試験対策

Amazon S3では、保管するデータの特性に応じてストレージクラスやライフサイクルポリシーを使い分けることで、よりコストを抑えることができます。保管するゾーンを減らしてコストを最適化するのか、アクセス頻度が少ないデータに対してコストを最適化するのかなど、観点を整理することが重要です。

## ●S3のデータ転送効率化を実現する機能

S3へオブジェクトをアップロードする際に、**マルチパートアップロード**という機能が利用できます。これは、大容量のオブジェクトを「パート」と呼ばれる複数の単位に分割してアップロードすることで、効率よく転送できるようにします。すべてのパートのアップロードが完了すると、S3側で自動的にオブジェクトの再構築が行われます。

このほか、**Amazon S3 Transfer Acceleration**という機能を有効化すると、クライアントとS3間の通信を高速化させることができます。この機能では、データ転送時にエッジロケーションとAWSネットワークを利用することで、通信の高速化を図っています。

## ●ストレージ以外でのS3の用途

S3はオブジェクトストレージだけではなく、以下のような用途でも利用されています。

### ● Web サイトホスティング

S3は、**静的コンテンツのWebサイトホスティング**の機能も備えています。静的なコンテンツを配信するWebサイトであれば、サーバーを構築することなく公開できます。

また、簡易的なWebサイト以外に、Route 53のDNSフェイルオーバー機能と組み合わせて、WebサイトのSorryページ[15]としてもよく利用されます。

### ● 署名付き URL

S3では、AWS CLIやAWS SDKを利用して、署名付きURLを発行することができます。**署名付きURL**とは、S3上のデータに対して一定時間だけアクセスを許可するためのURLを発行する機能で、これによりAWSへログインできないユーザーでもデータにアクセスすることができます。アクセス可能な時間は自由に決めることができるため、ファイルの受け渡しをセキュアに行うことができます。

**試験対策**　Amazon S3のWebサイトホスティングを利用することで、サーバーを管理することなく静的コンテンツを配信できます。S3だけでも構築できますが、Amazon CloudFrontと連携するケースが多くあります。

---

## 2　Amazon Elastic Block Store（EBS）

**Amazon EBS**は永続可能なブロックストレージサービスで、EC2インスタンスにアタッチすることで利用できます。**ブロックストレージ**とは、データを「**ブロック**」と呼ばれる細かい単位で分割して保管する方式です。

EBSは、Amazon S3のAZ間での複製とは異なり、AZ内で自動的に複製され

---

※15 【Sorryページ】Webサイトのメンテナンスや障害発生時に表示するページのこと。

る仕組みを備えています。このため、AZの障害時には影響を受けますが、単一のディスク障害は回避できます。

EBSは、以下の機能を備えています。

## ●複数のボリュームタイプ

EBSには複数のボリュームタイプが用意されており、ユーザーは使用容量、コスト、パフォーマンスの観点から選択することができます。

以下に、主なボリュームタイプを説明します。EBSのボリュームタイプの詳細は「4-4　ストレージサービスにおけるパフォーマンス」を参照してください。

### ● 汎用 SSD（General Purpose SSD：gp2 および gp3）

デフォルトで提供されるボリュームタイプで、SSDを安価に利用することができます。確保した容量に応じてIOPSが設定されており、OSのルート領域や、高性能なI/Oを要求されないデータ領域で利用されます。

### ● プロビジョンド IOPS SSD（PIOPS SSD：io1 および io2）

高パフォーマンスを実現できるボリュームタイプで、SSDをベースにユーザーが自由にIOPSを設定して利用できます。汎用SSDより高いパフォーマンスが求められる場合に利用されます。ストレージ容量に加えて、指定したIOPSに対しても課金されます。

### ● スループット最適化 HDD（st1）

HDDタイプのボリュームタイプで、大容量のストレージを安価に利用できます。

### ● コールド HDD（sc1）

アクセス頻度が低い大量データの保存に適したHDDです。同じHDDタイプのst1より安価に利用できます。

### ● マグネティック

旧世代のボリュームタイプです。アクセス頻度が低い用途に適したHDDです。

試験対策　Amazon EBSは、使用容量、コスト、パフォーマンスの観点から適切なボリュームタイプを選択することが重要です。

## ●スナップショットによるバックアップ

EBSでは、**スナップショット**を用いてバックアップを取得することができます。スナップショットは自動的にS3へ保管されるため、高い耐久性を備えています。

オンプレミス環境のストレージでは、バックアップを取得する際に取得完了まで待つ必要がありますが、EBSスナップショットの場合は取得を実行した時点のものが保管されるため、完了を待つ必要はありません。また、スナップショットは、初回はフルバックアップを行いますが、以後は増分で取得します。

【EBSスナップショット】

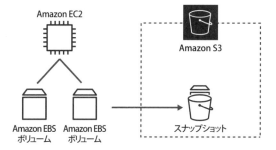

## ●保管データのセキュリティ

EBSは、主にAmazon EC2で利用するため、VPCやセキュリティグループなどのネットワークアクセス制御を行うことで、データのアクセス制御を行います。

また、EBSボリュームはKMSを利用して暗号化することが可能で、ボリューム内のデータや暗号化したボリュームから作成したスナップショットを暗号化することができます。なお、EBSボリュームは作成時に暗号化する必要があり、作成後には暗号化できません。

作成済みEBSボリュームを暗号化する場合は、以下のいずれかの方法で暗号化することができます。

・一度スナップショットを作成し、スナップショットからEBS復元時に暗号化を指定する

・一度スナップショットを作成し、スナップショットを暗号化してコピーし
たあと、暗号化したスナップショットからEBSを復元する

<br>

## 3 Amazon Elastic File System（EFS）

　Amazon EFSはスケーラブルな共有ストレージサービスで、複数のEC2イン
スタンスやECSコンテナなどの共有ファイルストレージとして利用することが
できます。
　以下に、EFSの特徴を説明します。

### ●高可用性

　EFSは複数のAZに冗長化してデータを保管します。そのため、AZを横断して
ファイルにアクセスでき、1つのAZに障害が発生してもアクセス不可にはなり
ません。

### ●自動スケーリング

　EFSはマネージド型のサービスで、ストレージ容量やパフォーマンスを自動
的にスケーリングする機能を備えています。
　ファイル削除時は自動で縮小されるため、EBSより柔軟に利用することがで
きます。

### ●標準的なファイルシステム

　EFSは、標準的なファイルシステムであるNFS[16]によってアクセスします。
EC2インスタンスだけでなくオンプレミス環境のサーバーからも利用できます。

### ●ストレージクラス

　Amazon S3と同様に、EFSにもストレージクラスが用意されており、用途に
よって使い分けることでコストを削減することができます。

### ● 標準（スタンダード）

　標準ストレージクラスでは、複数のAZにデータを冗長化して保存するため、
高可用性を実現することができます。

---

※16 【NFS】Network File System：LinuxなどUNIX系のOSで利用されるファイル共有システムのこと。

### ● 標準 - 低頻度アクセス（Standard-Infrequent Access）

標準ストレージクラスと同じ耐久性を備えたストレージクラスで、スタンダードと比較して低コストで利用可能です。ただし、データの読み取りに対して課金されるため、長期保管やバックアップ用に利用されます。

### ● 1 ゾーン

EFSの標準ストレージクラスは複数のAZにデータを冗長化して保存しますが、1ゾーンのみで管理することで低コストで利用できます。耐久性を要求されないものの頻繁にアクセスが発生する一時ファイルなどの利用に適しています。

### ● 1 ゾーン - 低頻度アクセス（One Zone-Infrequent Access）

標準低頻度アクセスほど耐久性を必要としない場合に利用するストレージクラスです。1カ所のAZのみにデータを保存するため、標準低頻度アクセスよりさらに安価で利用することができます。

試験対策　　Amazon EFSはNFSでアクセスして利用する、という点が重要です。

## 4　Amazon FSx

Amazon FSxは、コスト効率のよいファイルシステムを提供するサービスです。

通常、ファイルサーバーなどのファイルシステムを導入する場合は、サイジングや冗長性、ソフトウェア管理やバックアップなど多岐にわたる事項を検討する必要があります。FSxはマネージドサービスであるため、これらの検討事項を簡素化するのに有効です。

以下に、FSxの特徴を説明します。

### ●高可用性と高耐久性

FSxはマルチAZに対応しているため、高い可用性で利用できます。また、Amazon S3へのバックアップも可能なため、より高い耐久性を実現することができます。

## ●高速で柔軟なパフォーマンス

データ保管用ストレージとしてHDD（ハードディスクドライブ）とSSD（ソリッドステートドライブ）に対応しており、システム要件に応じて最適なパフォーマンスを選択することができます。

## ●セキュリティ保護

FSxに保管されたデータや通信中のデータは、すべて暗号化されます。また、IAMポリシーによるAPIコールのアクセス制御や、セキュリティグループを使ったアクセス制御を行うことも可能です。

## ●コスト最適化

FSxは、ストレージタイプとしてHDDとSSDを選択できるため、用途に応じてコストとパフォーマンスを最適化することができます。また、ユーザー単位や部門単位などのクォータを設定してストレージの使用量を制限することができ、適切な予算で運用できます。

## ●FSxのファイルシステム

FSxでは、以下に説明する2種類のファイルシステムが多く利用されています。

### ● FSx for Windows File Server

主にWindowsサーバーで使われているSMB※17プロトコルを利用して、データへのアクセスが可能なフルマネージドファイルサーバーです。Windowsのファイルサーバーとして利用されることが前提のため、Active Directoryとの連携やWindowsのACL（Access Control List）によるアクセス制御が可能です。

### ● FSx for Lustre

機械学習やHPC（High Performance Computing）など、処理速度を重視するシステムに利用されるLinuxベースのファイルシステムです。データ処理用に最適化されているため、非常に高いパフォーマンスを発揮します。また、Linuxのコマンドで実行できるため、Linuxベースのアプリケーションに変更を加えることなく利用できることも特徴です。

---

※17 【SMB】Server Message Block：主にWindows OSのネットワークでファイル共有やプリンタ共有などに使用される通信プロトコルのこと。

**試験対策**

FSxには、主にSMBプロトコルで利用するFSx for Windows File Serverと機械学習やHPCで利用されるFSx for Lustreがあることを覚えておきましょう。なかでも、FSx for Windows File ServerがActive Directoryと連携できるという点が重要です。

**参考**

FSxでは、本文で説明したファイルシステム以外にも、FSx for NetApp ONTAPとFSx for OpenZFSと呼ばれるファイルシステムが提供されています。
FSx for NetApp ONTAPは、ネットアップ社のデータ管理ソフトウェアであるNetApp ONTAP上に構築されたストレージで、オンプレミス環境からスムーズな移行を可能にしたり、災害対策のバックアップ／レプリケーションなどに利用できます。
FSx for OpenZFSは、NFSで最高クラスの低レイテンシー ストレージサービスで、機械学習や高度なデータ分析などの用途に向いています。

## 5　その他のストレージサービス

### ●インスタンスストア（エフェメラルディスク）

Amazon EC2の特定のインスタンスタイプで利用できる無料のストレージサービスです。ホストコンピュータのローカル領域を使用しているため高パフォーマンスですが、揮発性のディスクであるため、EC2インスタンスの停止時にはデータが消失します。そのため、重要なデータの場合は保管方法を別途検討する必要があります。

### ●AWS Storage Gateway（SGW）

NFSやSMB、iSCSI[18]といった標準プロトコルでAmazon S3やAmazon FSxにアクセスできるようにするサービスで、主にオンプレミス環境からAWSのストレージを使いたい場合に利用します。Storage Gatewayは、EC2インスタンスだけでなくオンプレミスサーバーにS3をマウントして利用することも可能です。

SGWのゲートウェイタイプには、次の種類があります。

---

※18 【iSCSI】Internet Small Computer System Interface：データ転送にTCP/IPを使用する仕組み。ネットワーク上のストレージに直接接続できるメリットがある。

## ● キャッシュ型ボリュームゲートウェイ

データはS3に格納しますが、アクセス頻度の高いデータはローカルにキャッシュすることで高速のアクセスを実現します。インターフェイスにはiSCSIを使用します。

## ● 保管型ボリュームゲートウェイ

データをローカルに格納し、非同期でデータ全体をスナップショットとしてS3に格納します。インターフェイスにはiSCSIを使用します。

## ● テープゲートウェイ

物理テープ装置の代替としてデータをS3(Glacier)に格納します。インターフェイスにはiSCSIを使用します。

## ● S3 ファイルゲートウェイ

データをオブジェクトとして、直接S3に格納します。インターフェイスにはNFSおよびSMBを使用します。

## ● FSx ファイルゲートウェイ

データをFSxに格納します。インターフェイスにはSMBを使用します。

試験対策　Storage Gatewayは、主にオンプレミス環境からAWSのストレージを使いたい場合に利用し、5種類のゲートウェイタイプから選択することを覚えておきましょう。

## ●AWS Snow Family

AWS Snow Familyは、大容量のデータをコスト効率よく移行できるAWSサービス群で、デバイスをNFSプロトコルで利用し、データを暗号化して保管できます。主に、AWSから物理搬送される耐久性の高い筐体に大容量のデータを保管し、AWS内のストレージへ転送してデータを移行します。

物理デバイスの受領からデータの移行、物理デバイスの返送まで数週間のリードタイムは発生しますが、ネットワーク回線による転送では時間がかかりすぎる場合や、ネットワーク回線のないロケーションからデータを移行する場合な

どに利用されます。

Snow Familyには、以下のサービスモデルがあります。

### ● AWS Snowcone

Snowconeは、コンパクトで可搬性が高いデバイスです。HDDの場合は8TB、SSDの場合は14TBのストレージが利用可能で、移動デバイスであるIoTや車載データの保管に向いています。AWSへデバイスを返送してデータを転送したり、AWS DataSyncを利用してオンラインでデータ転送することができます。

### ● AWS Snowball

Snowballは、Edge Storage OptimizedとEdge Compute Optimizedの2種類のオプションを選択できるデバイスです。

Edge Storage Optimizedは、最大80TBのストレージが利用可能で、大容量のローカルストレージや大規模なデータ移行に適しています。

Edge Compute Optimizedは、最大42TBのストレージが利用可能で、高度な機械学習データの収集や、遠隔地にある軍事基地からのデータ収集に適しています。

### ● AWS Snowmobile

Snowmobileは、Snowballを超える大容量データをAWSへ移行するケースに利用するサービスです。最大100PBのストレージが用意されており、データは、デバイスではなく大規模な専用トレーラーを利用して移行されます。

**試験対策**　Snow Familyは、主に大容量のデータ移行に利用しますが、物理搬送が必要になります。そのため、データ移行には時間を要することに注意しましょう。

### ●AWS Transfer Family

AWS Transfer Familyは、SFTPやFTPS、FTPでAmazon S3やAmazon EFSと通信して、直接ファイルをやり取りできるようにするサービス群です。

フルマネージドサービスであるため、通信に必要なインフラストラクチャやストレージを用意する必要がなく、高い可用性と拡張性を備えています。

用意されているプロトコルは次のとおりです。

・AWS Transfer for SFTP

・AWS Transfer for FTPS

・AWS Transfer for FTP

## ●AWS Backup

AWS Backupは、AWS内におけるデータのバックアップを一元化／自動化するサービスです。バックアップポリシーを設定することで、たとえば、EBSボリュームやEC2インスタンス、RDSデータベースなどのバックアップを定期的に実行したり、バックアップ状況を監視することができます。

AWS BackupでサポートされているAWSサービスは、次のとおりです。

・Amazon EC2

・Amazon EBS

・Amazon S3

・Amazon RDS

・Amazon DynamoDB

・Amazon Neptune

・Amazon DocumentDB

・Amazon EFS

・Amazon FSx

・AWS Storage Gateway

・Amazon Outposts(オンプレミス環境)

**演習問題**

1　あるシステムのバックアップファイルをAmazon S3に保管して運用していたところ、チームメンバーが誤ってS3のデータを削除してしまいました。今後誤った削除を防止するためには、次のうちどの設定を行うことが適切ですか。

    A　ストレージクラスを変更する

    B　ライフサイクルポリシーを有効化する

    C　オブジェクトロック機能を有効化する

    D　署名付きURLを発行する

2　ある会社では、データストレージにNFSプロトコルを利用したアプリケーションをAWSへ移行したいと考えています。次のうち、移行先のストレージとして適切なサービスはどれですか。

    A　Amazon S3

    B　Amazon EFS

    C　Amazon FSx for Windows File Server

    D　AWS Snowball

3　あるアプリケーションは、参照する動画データをAmazon S3に保管しています。動画データは、年に数回しかアプリケーションから参照されませんが、すぐに取り出して利用できる必要があります。データの可用性を損なうことなくコストを削減するためには、次のうちどの方法が適切ですか。

    A　S3バケットのストレージクラスを、標準低頻度アクセスに変更する

    B　S3バケットのストレージクラスを、Glacier Deep Archive に変更する

    C　S3バケットにライフサイクルポリシーを設定する

    D　S3バケットのバージョニング機能を有効化する

## 1　C

Aのストレージクラスは、データの耐久性やアクセス頻度に応じてS3のコストを最適化する機能です。

Bのライフサイクルポリシーは、設定した期間が経過したあと、オブジェクトを自動で削除したりアーカイブしたりすることができる機能です。

Cのオブジェクトロック機能は、オブジェクト操作を制限し、意図しないオブジェクトの上書きまたは削除の操作を防止することができる機能です。

Dの署名付きURLは、S3上のデータに対して一定時間だけアクセスを許可するためのURLを発行する機能です。

したがって、**C**が正解です。

## 2　B

AのAmazon S3は、高耐久・大容量のオブジェクトストレージサービスで、マネジメントコンソールやSDKから利用するため、NFSプロトコルのストレージとして利用できません。

BのAmazon EFSは、スケーラブルな共有ストレージサービスで、NFSプロトコルを利用してアクセスします。

CのAmazon FSx for Windows File Serverは、主にWindowsサーバーで使われているSMBプロトコルを利用してアクセスします。

DのAWS Snowballは、大容量のデータをコスト効率よく移行することができるAWSサービスで、アプリケーションのストレージとして利用するものではありません。

したがって、**B**が正解です。

## 3　A

Aの標準低頻度アクセスのストレージクラスは、スタンダードと同じ耐久性を備えているストレージクラスで、スタンダードと比較して低コストで利用できます。

BのGlacier Deep Archiveは、年に1、2回程度しかアクセスされないようなデータに最適なアーカイブストレージクラスですが、データの取り出しには数時間以上かかります。

Cのライフサイクルポリシーは、設定した期間が経過したあと、オブジェクトを自動で削除したりアーカイブできる機能です。

Dのバージョニング機能は、オブジェクトの世代管理を提供する機能で、世代管理を行う分だけコストが発生します。

したがって、**A**が正解です。

# データベースサービス

AWSでは非常に多くのデータベースサービスが提供されており、各サービスの特徴や扱うことができるデータ構造の違いを理解することが重要です。

本節では、AWSで提供されているデータベースサービスの概要を説明します。

## 1 AWSのデータベースの特徴

　AWSの特徴の1つとして、マネージドサービスがあげられます。AWSにおけるマネージドサービスとは、AWS上のインフラストラクチャ環境やミドルウェア環境をAWSが管理するサービスの形態を指します。AWSで提供されているデータベースサービスは、すべてマネージドサービス型のデータベースです。

　本来、データベースはデータを格納するために使用するものであり、データベースの設計に携わるエンジニアは、データ格納用のテーブルやカラムの設計にできるだけ時間を費やしたいと考えるものです。

　しかし、通常業務で利用するデータベースサーバーを設計・構築・運用する際には、以下のような作業も必要になります。

・データベースサーバー用ハードウェアに関係する要件定義
・ハードウェアの調達、サーバーへのデータベースのインストール
・構築時や運用開始後のパッチ適用
・データベースのバックアップ／リストアの設計および実際の作業
・DR対策、など

　AWSのデータベースサービスでは、前述のような作業をAWSが提供する機能に任せることができます。たとえば、次のような特徴があります。

- 構築時点からデータベースがインストールされており、さらに初期設定も完了している状態で提供されるため、すぐにデータベースの機能を利用できる
- データベースサーバーが動作しているOSや、データベースソフトウェアへのパッチ適用をAWSが行う
- 自動バックアップが可能
- データベースのスケールアップやスケールアウトは、AWSの機能を利用して行うことができる

　これによって、データベースのテーブル設計など、本来の業務に多くの時間を充てることができます。

　AWSには、さまざまな目的や用途で利用できるように、複数のデータベースサービスが用意されています。次項から、AWSで提供されているデータベースサービスについて説明します。

## 2　Amazon Relational Database Service（RDS）

　**Amazon RDS**は、マネージドサービス型のリレーショナルデータベースサービスです。

　リレーショナルデータベースにおける一連のデータ処理をトランザクションといい、すべてのトランザクションは、データの完全性を確保するため、次に示す4つの特性（ACID特性）を備えていなければなりません。

　ACIDとは、Atomicity（原子性）、Consistency（一貫性）、Isolation（独立性）、Durability（耐久性）の4つの単語の頭文字を取った略語で、「アシッド」と読みます。

## 【ACID特性】

| 各特性を表す単語 | 説　明 |
|---|---|
| Atomicity (原子性) | トランザクションはすべて正常に実行されるか、無効になるかのどちらかであること。トランザクションの一部が失敗した場合は、トランザクション全体が無効になる |
| Consistency (一貫性) | データベースに書き込まれたデータが、定義されているすべてのルールと制約 (制限、カスケード、トリガーなど) に従っていること |
| Isolation (独立性) | 各トランザクションがそれぞれ独立し、並行処理を実現すること |
| Durability (耐久性) | トランザクションの正常完了後、データベースに加えられたすべての変更が永続的な状態になること |

　RDSは、以下のデータベースエンジンをサポートしています。(2022年12月時点)

- ・ Amazon Aurora
- ・ PostgreSQL
- ・ MySQL
- ・ MariaDB
- ・ Oracle Database
- ・ Microsoft SQL Server

Aurora以外の5つのデータベースエンジンは、AWS以外の環境でも利用されている一般的なデータベースです。それぞれの特徴については各データベースエンジンの公式マニュアルなどを参照してください。Auroraは、AWS固有のデータベースサービスです。

### ●パッチ適用の管理負荷軽減

　RDSでは、曜日や時間帯をメンテナンスウィンドウで指定するだけで、AWSが自動でパッチを適用します。通常は数カ月に1回のペースでパッチがリリースされますが、パッチのリリース後は、最初にメンテナンスウィンドウで設定した曜日や時間帯になった時点で自動適用されます。

　マルチAZ(95ページを参照)を利用している場合は、まずスタンバイデータベースのメンテナンスを実施し、そのスタンバイデータベースをプライマリ

データベースとして昇格させます。この一連の処理が終了すると、メンテナンス前のプライマリデータベースのメンテナンスを実施し、これをスタンバイデータベースとして維持します。

　このようにスタンバイデータベースを利用することで、ダウンタイムのないメンテナンスを実施することができます。

セキュリティに関わるパッチがリリースされた場合は、早急に対応する必要があります。
緊急でパッチを適用する場合は、メンテナンスウィンドウで設定した時間とは関係なく、ユーザーのシステム利用を調整するなどの対策が必要です。

パッチ適用以外に、DBインスタンス ストレージの変更やDBインスタンスタイプの変更なども、マルチAZを利用することで、ダウンタイムを短縮することができます。ただし、DBエンジンのバージョンアップグレードは、スタンバイデータベースとプライマリデータベースを同時に更新するため、ダウンタイムが発生します。

## ● バックアップとリストア

　標準設定の場合、1日1回自動バックアップが実施され、データベースとトランザクションログが取得されます。

　データベース(データベースインスタンス)のバックアップにはストレージボリュームのスナップショットを作成し、データベースインスタンス全体を取得します。

　保存期間を設定することが可能で、最大で35日分を保存することができます。また、自動ではなく手動で任意の時間にバックアップを取得することも可能です。

　RDSの復元方法には、主に次の2つがあります。

・通常のリストア：スナップショットからデータベースインスタンスを復元
・ポイントインタイムリカバリ：バックアップのデータベースとトランザクションログが残っている範囲内の特定の日時時点にデータを復元

　RDSでは、データベースインスタンスのトランザクションログを5分ごとにS3に保存しています。したがって、最新のデータを復元すると過去5分以内の状態にデータベースインスタンスを戻すことができます。

## 【RDSのバックアップイメージ】

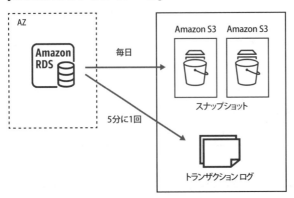

## 【RDSの復元イメージ（通常のリストア）】

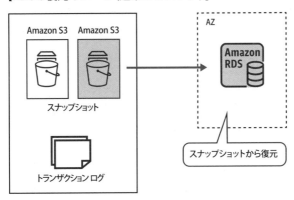

## 【RDSの復元イメージ（ポイントインタイムリカバリ）】

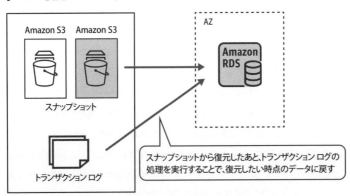

　データベースを過去の状態に戻すことになった場合は上述の方法で復元します。このとき、新しくデータベースインスタンスを作成・起動することになるため、アプリケーション側は新しいエンドポイントに接続するように修正する必要があります。

　バックアップのスナップショットはリージョン間でコピーすることができるため、DR対策として利用することもできます。

　RDSの各インスタンスには、「エンドポイント」と呼ばれるホスト名が設定されます。アプリケーションからRDSのインスタンスへ接続するには、このエンドポイントを指定して接続します。

　RDSではデータベースエンジンごとにオプショングループがあり、データベースの追加機能を設定できます。また、ほかにもパラメータグループがあり、データベースパラメータを設定することで、割り当てるメモリ容量などを指定することができます。
　ただ、これらの設定は自動バックアップ対象には含まれていないため、RDSの自動バックアップ設計を行う際は注意が必要です。

## ● マルチAZ

　RDSのマルチAZとは、RDSを複数のAZに構築することを指します。

　Aurora以外のRDSデータベースでは、マルチAZのデータベースインスタンスを作成すると、RDSはプライマリのデータベースインスタンスを自動的に作成し、それと同時に異なるAZにあるスタンバイのデータベースインスタンスにもデータを複製します。

　マルチAZにすることで、耐久性と可用性が向上します。

【マルチAZのデータ複製のイメージ】

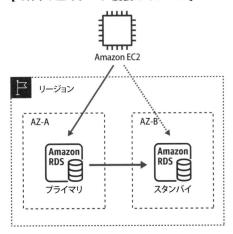

　シングルAZでは、データベースに障害が発生した場合にバックアップを利用して復元する必要があります。障害発生直前までデータを戻したくても、データは直近5分以内にしか戻せないため、それよりも新しいデータは復元できません。また、バックアップからの復元に数時間を要することがあります。

　マルチAZではデータベースに障害が発生した場合、最新のスタンバイデータベースへのフェイルオーバー（Auroraの場合はレプリカへのフェイルオーバー）が自動で開始されるため、データの欠損はほとんど起こらず、データベースの切り替えもすぐに完了します。

　ただし、シングルAZよりマルチAZのほうがリソースを消費するためコストがかかります。

マルチAZ構成と似た仕組みとして、マルチAZ DBクラスターと呼ばれる構成も存在します。マルチAZ構成はデータベースの耐久性と可用性の向上を目的として構築しますが、マルチAZ DBクラスター構成にすると、1つの書き込みDBインスタンスと2つの読み取りDBインスタンスが配置されるため、より高い可用性と読み取りワークロードの向上、低レイテンシーが実現できます。マルチAZ DBクラスター構成は、MySQLエンジンとPostgreSQLエンジンのみサポートされています。（2022年12月時点）

**試験対策** Amazon Auroraで障害が発生した場合は、レプリカをプライマリインスタンスに昇格させてフェイルオーバーしますが、どのレプリカを昇格させるかはレプリカに設定された優先度をもとに判断されます。優先度が同じ場合は、インスタンスサイズが最大のレプリカを昇格させ、サイズも同一の場合は任意のレプリカが昇格されます。AuroraとAurora以外のデータベースのフェイルオーバーの違いと仕組みを理解しておきましょう。

## ● リードレプリカ

プライマリデータベースを複製し、読み取り専用として構築したデータベースを**リードレプリカ**といいます。リードレプリカを利用することにより、読み取り頻度の高いデータベースを増設できるため、読み取りスループットを高めてパフォーマンスを向上させることができます。

リードレプリカはMySQL、MariaDB、PostgreSQL、Oracle Database、Microsoft SQL Server、Auroraで利用できます。

リードレプリカは、マルチAZや異なるリージョン間で構築できます。また、プライマリデータベースと異なるインスタンスタイプやストレージで構築することもできます。

プライマリデータベースとの同期処理は非同期に実行されます。

【リードレプリカのイメージ】

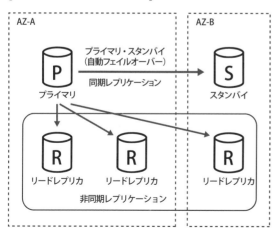

**試験対策** プライマリデータベースとリードレプリカの構成にすることで、読み取り要求と書き込み要求の処理を分離することができ、パフォーマンスと耐久性が向上します。

## ● クロスリージョンリードレプリカ

Amazon RDSでは、DBインスタンスのリードレプリカを異なるリージョンに作成できます。異なるリージョンにレプリカを作成することによって、災害対策やユーザーに近いリージョンでのDBアクセスが可能になります。

クロスリージョンでリードレプリカを作成できるデータベースエンジンはMariaDB、MySQL、Oracle Database、PostgreSQLの4種だけで、PostgreSQL以外はソースDBインスタンス削除時に自動的にプライマリDBインスタンスに昇格します。PostgreSQLは自動的に昇格しませんが、手動で昇格させることができます。

クロスリージョンレプリカを使用することで、リージョンの障害時に迅速に別リージョンに切り替えて利用できるようになります。

ただし、その分だけリージョン間の転送コストが発生したり、プライマリ昇格までに数分を要するためダウンタイムが発生する、などの制約事項もあります。

## ● 暗号化

Amazon RDSは、データを保管するDBインスタンスや自動バックアップ、リードレプリカ、スナップショットなどを、AES-256暗号化アルゴリズムを使用してサーバー側で暗号化できます。暗号化にはAWS Key Management Service(AWS KMS)のキーだけでなく、AWSマネージドキーやカスタマーマネージドキーも利用できます。

ただし、RDSの暗号化はDBインスタンスの作成時にのみ設定でき、作成後は暗号化できないことが注意点としてあげられます。そのため、DBインスタンス作成後に暗号化するには、次に示す手順で行う必要があります。

① 非暗号化状態のRDS DBインスタンスのスナップショットを取得する
② スナップショットのコピーを取得し、その際に暗号化を設定する
③ 暗号化設定したスナップショットからDBインスタンスを起動する

**試験対策** Amazon RDSのDBインスタンス作成後の暗号化手順を覚えておきましょう。

### ● SSL接続

AWSでは、SSLを使用してアプリケーションからRDS（MySQL、MariaDB、Microsoft SQL Server、Oracle Database、PostgreSQL）のDBインスタンスに接続することができます。

### ● RDS Proxy

Lambdaなど複数のクライアントアプリケーションからRDSやAuroraに接続する場合、データベースへのコネクションをその都度作成していると最大接続数の上限に達してしまい、接続エラーが発生することがあります。

そのようなエラーを解消する方法としてRDS Proxyがあります。RDS Proxyは、RDSやAuroraデータベースとの接続の開閉や保持を、アプリケーションに代わって実行することで制御し、接続に伴うメモリやCPUのオーバーヘッド、TLS/SSLハンドシェイクなどもRDS Proxyインフラストラクチャ内で処理するため、データベースサーバーのオーバーヘッドを減らすことができます。

RDS Proxyの機能と特徴については、以下を参照してください。

https://docs.aws.amazon.com/ja_jp/AmazonRDS/latest/AuroraUserGuide/rds-proxy.howitworks.html

【RDS Proxyのイメージ】

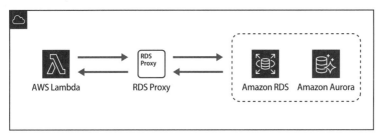

AWS Lambda　　RDS Proxy　　Amazon RDS　Amazon Aurora

## ● Amazon Aurora

**Amazon Aurora**は、AWSが開発したリレーショナルデータベースサービスです。PostgreSQLやMySQLと互換性があるため、これらのデータベースを利用していた場合は、アプリケーションをほとんど変更することなくAuroraにデータを移行することができます。

性能は、PostgreSQLやMySQLよりもAuroraのほうが優れており、MySQLやPostgreSQL以上のスループットを実現できるとされています。

Auroraは、SQL処理を行う「データベースインスタンス」と、データを格納するストレージ部分である「クラスターボリューム」に分かれています。

データが格納されるクラスターボリュームは、3カ所のアベイラビリティーゾーン(AZ)に存在します。3つのAZのうち1つのデータベースインスタンスは、「プライマリデータベース(DB)インスタンス」と呼ばれるインスタンスを持ちます。このプライマリデータベース(DB)インスタンスは、データの読み取り・書き込み処理を行います。

そのほかの2つのデータベースインスタンスは「Auroraレプリカ」と呼ばれ、読み取り処理を行います。1つのAZにつき2カ所のディスクに書き込まれるため、合計で3つのAZの6カ所に保存されます。このようにデータが格納されることから、障害発生時にダウンタイムが発生することはほとんどありません。

次の図はAuroraの構成を表したイメージです。

【Auroraの構成イメージ】

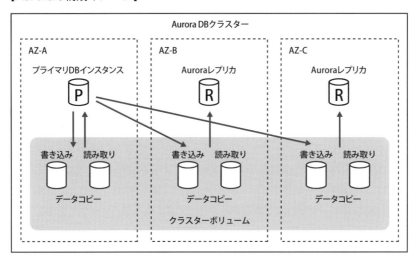

以降では、Auroraを含むRDSサービスの主な特徴について説明します。

**試験対策** Amazon Auroraの特徴は重要ですので、すべて覚えておきましょう。

## ●Aurora マルチマスタークラスター

前段で、プライマリデータベースインスタンスはデータの読み取り／書き込み処理を行い、Auroraレプリカは読み取り処理を行うと説明しました。このデータの読み取り／書き込み処理を、すべてのデータベースインスタンスで行う構成が**Auroraマルチマスタークラスター**です。

この構成では、読み取り専用のデータベースが存在しないため、特定のデータベースインスタンスが利用できなくなっても、フェイルオーバーは発生しません。

しかし、アプリケーションからデータベースへの書き込み処理時に、データ書き込みの競合が発生する可能性があるため、書き込み処理は特定のエンドポイントに対して行うことが推奨されています。

読み取り専用のデータベースはありませんが、カスタムエンドポイントを使用していくつかのデータベースインスタンスをグループ化し、カスタムエンドポイントに対して読み取るように設定することもできます。

101

## ●Amazon Aurora Global Database

Amazon Aurora Global Databaseを使用すると、複数リージョンにAuroraクラスターをデプロイすることができます。Aurora Global Databaseでは、特定の1つのリージョンにプライマリDBクラスターが配置され、それ以外の異なるリージョンに最大5つまでセカンダリDBクラスターを配置することができます。

データの書き込みはプライマリDBクラスターのみで行われ、セカンダリDBクラスターにはデータが保存されたクラスターボリュームがレプリケートされます。

DBインスタンス自体をレプリケートしないため、低レイテンシーでのレプリケーションを実現します。また、レプリケートされたセカンダリDBクラスターは、読み取り処理のみサポートされています。

Aurora Global Databaseの詳細については、次のWebページを参照してください。

https://docs.aws.amazon.com/ja_jp/ja_jp/AmazonRDS/latest/AuroraUserGuide/aurora-global-database.html#aurora-globaldatabase.limitations

## ●Aurora Serverless

データベースの用途によっては、必要なときだけ起動して処理できればよい場合があります。また、処理に対する負荷によっては、必要に応じてスケールしてデータを処理したい場合などもあります。

前述したように、データベースインスタンスとクラスターボリュームを持つAuroraというデータベースサービスが提供されていますが、このサービスにはAurora Serverlessというフルマネージドサービスもあります。

Aurora ServerlessはAuroraと異なり、通常はデータベースインスタンスが起動しておらず、データが格納されているクラスターボリュームだけが存在しま

す。SQLのリクエストを受け取って初めてデータベースインスタンスが起動し、SQLの処理を行います。

　処理の負荷が高いときは、負荷に応じてデータベースインスタンスを自動でスケールして適切に処理することができます。

　Aurora Serverlessのユースケースについては、次のWebページを参照してください。

https://docs.aws.amazon.com/ja_jp/AmazonRDS/latest/AuroraUserGuide/aurora-serverless-v2.html

**試験対策**　Aurora Serverlessのユースケースを覚えておきましょう。このサービスは、利用頻度があまり高くないアプリケーションや、負荷が一定ではないアプリケーションのデータ格納に適しています。

## 3　Amazon DynamoDB

**Amazon DynamoDB**は、マネージド型のNoSQLデータベースサービスです。一般的なリレーショナルデータベース管理システム（RDBMS）で扱うことができるデータを構造化データといいますが、**NoSQL**は非RDBMSの総称で、構造化データ以外のデータ（半構造化／非構造化データ）を扱うこともできます。

【データ構造の種類】

| データ構造の種類 | | 説　明 | データおよびファイルの例 |
|---|---|---|---|
| リレーショナルデータ | 構造化データ | データを管理する構造を決め、その構造に合わせて格納したデータ | 企業の基幹システムなどで管理されているデータなど | RDB、Excel |
| 非リレーショナルデータ | 半構造化データ | 非構造化データを管理できる柔軟性のある構造を用意し、その構造に格納されたデータ | システムのログ、センサー（IoT）データ、位置情報、SNSデータ、認定ファイルなど | LOG、JSON、XML |
| | 非構造化データ | 構造が定義されておらず、データの関係をモデルに当てはめることができないデータ | テキストファイル（メモ書きなど）、音声データなど | TXT、MPEG |

## ●キーバリュー型データモデル

NoSQLにはいくつかのデータモデルがあります。その代表的なモデルに**キーバリュー型**があります。このデータモデルは非常にシンプルです。1つのデータはキーとバリュー（値）から構成され、データとして書き込む際には、このセットで保存されます。一方、データを呼び出す際には、キーを指定してバリュー（値）を取り出します。

DynamoDBは、キーバリュー型のデータベースです。RDBのように「数値」「文字列」といったシンプルなデータだけではなく、JSONのような半構造化データもバリュー（値）として格納することができます。

**試験対策** Amazon DynamoDBのデータ構造や、格納できるデータの種類を覚えておきましょう。

## ●マルチAZ

DynamoDBでは、データは自動的に**3カ所のAZ**に保存されます。

【DynamoDBの書き込み／読み取りイメージ】

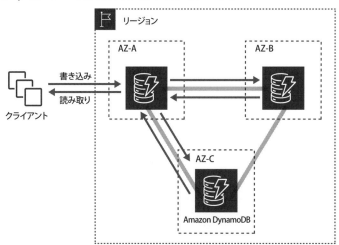

DynamoDBには特徴的な機能があるため、マルチAZだけではなく次に説明する機能もあわせて理解しておく必要があります。

104

## ●結果整合性モデル

　DynamoDBを利用するうえで考慮すべき点として、**結果整合性モデル**があります。このモデルでは、書き込んだデータは時間が経てば正しく反映されます（結果的には整合性が保証される）が、データを読み取るタイミングによっては書き込んだデータが反映されない状態になります。

　従来のRDBMSでは、トランザクション処理のように厳密な一貫性を保証することができます。前段のマルチAZで説明したとおり、DynamoDBに書き込み処理されたデータは3カ所のAZに分散・保存されますが、この3カ所への書き込みが完了するには時間差があります。そのため、データの読み取りと書き込みが多数発生する場合、タイミングによっては最新の情報が反映されていないAZからデータを取得してしまうことがあります。

　このように、「正しいデータが取得できないことがあるのでは機能要件上利用することが難しい」という場合の対応策として、「**強力な整合性**」を備えた読み込みという選択肢が提供されています。これを利用することで、書き込みが反映された最新データを確実に読み取ることができるようになります。

**試験対策**

Amazon DynamoDBのデータの保持方法と、整合性の違いを理解しておきましょう。
結果整合性は、処理は高速ですが最新の結果が反映されていないことがあります。
強力な整合性は、確実に最新のデータにアクセスできますが、応答は結果整合性よりも遅くなります。また、ネットワーク遅延が発生した場合はDynamoDBのテーブルにアクセスできなくなる、などの制約条件もあります。

**参考**

DynamoDBの3つのAZにデータを書き込む場合、2つのAZに正常に書き込みが完了した時点で、DynamoDBに対するデータの書き込みが正常に完了したと判断し、成功した旨の応答を戻します。
この「2つのAZへの書き込みが完了し、残り1つのAZはデータ書き込み中」の状態で、まだ書き込みが完了していないAZで、次のデータ読み取り処理が実行されると、最新のデータが取得できない状態になります。

## ●有効期限

DynamoDB の有効期限を設定すると、レコードの保存期間を設定できます。有効期限はTTL(Time to LIVE)機能を利用して設定し、この有効期限を過ぎるとデータは自動削除されます。

## ● ポイントインタイムリカバリ

RDSと同様に、DynamoDBもポイントインタイムリカバリの機能を装備しています。ポイントインタイムリカバリを利用することで、人為的なミスによるデータ書き換えや削除などからデータを保護でき、過去35日間の任意の時点にデータを戻すことができます。

## ●DynamoDBの課金

DynamoDBは、テーブル内データの読み書きや、有効にしているオプションが課金対象になります。

この課金される金額は「**キャパシティモード**」と呼ばれる設定によって異なりますが、モードの選択はユースケースによって判断することになります。

次の表に、2種類のキャパシティモードの特徴を示します。

【キャパシティモード】

| キャパシティモード | 説　明 | 適したユースケース |
|---|---|---|
| オンデマンド | 課金はDBのテーブルに実行したデータの読み書きに対して発生。ワークロードの拡大や縮小に即座に対応できるため、事前のパフォーマンスの予測や設定は不要 | ●未知のワークロードで新規テーブルを作成し利用する<br>●DBにアクセスするトラフィックが予測できない<br>●利用した分だけ支払うほうがよい |
| プロビジョニング済み | 事前に1秒あたりの読み書きの回数を予測し、Auto Scalingを指定すれば、指定した利用率に応じてテーブルのキャパシティが自動的に調整可能 | ●DBにアクセスするトラフィックが予測できる<br>●DBにアクセスするトラフィックが一定、または、少しずつ変化する |

**試験対策**　オンデマンドキャパシティモードの特徴とユースケースを覚えておきましょう。

## 4 Amazon Redshift

**Amazon Redshift**は、ペタバイトクラスのデータを扱うことができるマネージドサービス型のデータウェアハウスサービスで、BI(Business Intelligence)ツールなどを利用した大量データの集計・分析に向いています。

データウェアハウスとは、企業活動などの中で蓄積される膨大なデータに対して、ある特定の内容を分析するために利用するシステム、もしくはそのために利用する大量のデータを指します。

Redshiftは、「**ノード**」と呼ばれるコンピューティングリソースの集まりで構成されています。Redshiftに対して処理をする場合は、「**リーダーノード**」と呼ばれるノードが処理を受けます。このリーダーノードは、「**コンピュータノード**」と呼ばれるノードに対してそれぞれ処理を依頼します。これらのノードの集まりを**クラスター**といいます。

【Redshiftの構成イメージ】

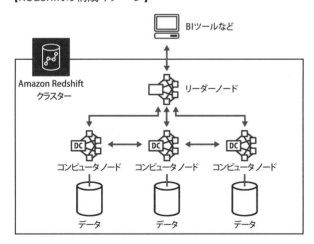

### ●スナップショット

Redshiftは、スナップショットを作成することでバックアップできます。スナップショットは、クラスターのポイントインタイムバックアップです。

スナップショットには自動と手動の2つのタイプがあり、自動スナップショッ

トの設定を有効にしている場合は8時間ごと、またはノードあたり5GBのデータ変更があった場合に自動で取得します。

　自動で取得したスナップショットは、設定した保存期間が過ぎるとRedshiftによって削除されるため、永続的にバックアップを保存したい場合は手動でスナップショットを取得します。

　スナップショットの格納先は、標準ではRedshiftのクラスターが配置されているリージョンになりますが、別のリージョンにもコピーするように設定できます。これを**クロスリージョンスナップショット**といいます。

　スナップショットのコピーを別のリージョンに保存しておくと、リージョンに障害が発生してクラスターやスナップショットが利用できなくなった場合でも、別リージョンのスナップショットからクラスターを復元できます。

Redshiftの仕様はPostgreSQL 8.0.2に準拠しています。そのため、PostgreSQLを操作するためのpsqlコマンドを利用してRedshiftを操作することができ、一般的なRDBの操作経験者には扱いやすいのですが、両者には大きな違いもあります。
RedshiftとPostgreSQLの違いについては、以下のURLを参照してください。

https://docs.aws.amazon.com/ja_jp/redshift/latest/dg/c_redshift-and-postgressql.html

## ●クロスアカウントデータ共有

　Redshiftのデータを異なるAWSアカウント間で共有する場合、クロスアカウントデータ共有が利用できます。

　データを共有する側をプロデューサー、データを共有される側をコンシューマーと呼び、それぞれのAWSアカウントでデータ共有設定が必要になります。2つのAWSアカウント間、同一リージョンでデータを共有する場合は、次のような設定が必要です。

### プロデューサー側

・共有するデータベース、スキーマ、テーブルの指定
・コンシューマーアカウントの指定、承認

**コンシューマー側**

・プロデューサーから共有されたデータ情報を参照
・共有されたデータからコンシューマーアカウント内に新規でデータベースを作成

RedshiftのデータをAWSアカウント間で共有する方法を覚えておきましょう。

異なるリージョン間でデータを共有するには、2022年2月17日に一般提供が開始（GA：General Availability）された「クロスリージョンデータ共有」が利用できます。ただし、クロスリージョンデータ共有はRedshift RA3ノードタイプでしかサポートされていないため、注意が必要です。

## ●Redshift Spectrum

Redshiftにデータをロードすると、データを効率よくクエリすることができますが、データが増え続けるとその分だけストレージコストも増加します。そのため、Redshiftのストレージコストの増加を抑えながらもデータをクエリする機能として**Redshift Spectrum**があります。

Redshift Spectrumでは、データの大部分を構造化または半構造化したファイルとしてAmazon S3に格納し、AWS Glueなどの外部データカタログを通してSQLでデータを取得することができます。Redshift Spectrumでクエリされるデータは、Redshift内部にロードしたデータとも結合できるため、高頻度で分析が必要なデータはRedshift内部に保持し、低頻度で必要なデータはS3に保持するといった構成も可能です。

次の図はS3、Glue、Redshift Spectrumを使用した構成例です。

## 【Redshift Spectrumを利用したシステム構成例】

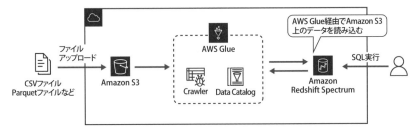

 参考　Redshiftの機能をフルマネージドで利用可能なRedshift Serverlessの一般提供が、2022年6月12日に開始されました。これまでは、構築時に必要なノードタイプやノード数などの設定を手動で行う必要がありましたが、Redshift Serverlessを利用することで、それらの設定がAWSで自動的に管理されます。スケーリングなども自動で行われるため、必要なときに必要な数だけスケーリングされ、コストも利用したワークロード分のみに最適化されます。

---

## 5　Amazon ElastiCache

　**Amazon ElastiCache**は、マネージド型のインメモリデータベースです。メモリ上で処理を実行するため、高スループットかつ低レイテンシーな処理を実現できます。

　キャッシュを利用しない一般的なWebデータベースアプリケーションの場合は、次のような構成になります。

## 【一般的なWebデータベースアプリケーションの構成イメージ】

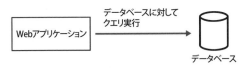

　このシステムの場合、データへのアクセス時に常にデータベースに対するクエリが発生し、負荷がかかります。

AWS上でElastiCacheを利用して、次に示す図のような構成にすることで、データベースサーバーの負荷軽減とパフォーマンス向上を実現できます。

【ElastiCacheのアーキテクチャ】

Amazon EC2インスタンス　　　Amazon ElastiCache　　　Amazon RDS

①EC2インスタンスからリクエストされたクエリ結果がElastiCacheに存在すれば、ElastiCacheからEC2インスタンスに結果を返す

②ElastiCacheにクエリ結果が存在しなければ、RDSに対してクエリを実行し、結果を取得する

## 6　その他のデータベースサービス

### ● Amazon Neptune

Amazon Neptuneは、高速かつ信頼性の高いフルマネージドなグラフデータベースサービスです。

グラフデータベースは、NoSQLに分類されるデータベースサービスの1つで、DynamoDBのようなキーバリュー型とは異なるデータモデルです。「グラフ」というと、円グラフや棒グラフのようなものを想像しがちですが、ここではモノ同士のつながりを表現するネットワーク状のデータ構造を意味します。

グラフでは、次の3つの要素でデータを定義します。

・ノード：データの要素
・エッジ：ノード間の関係
・プロパティ：ノードとエッジの属性情報

【グラフデータベースの要素と例】

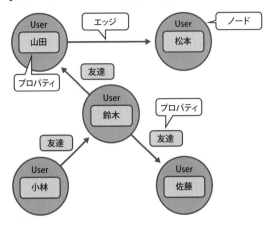

　グラフデータベースは、人と人とのつながりや、鉄道や車などの移動時に利用する最短経路検索など、ノード間の関係性の表現や計算に適しています。

　このようなデータをリレーショナルデータベースで処理しようとしても、結合データが多すぎるために、気の遠くなるような時間を要することがありますが、グラフデータベースを利用すると短時間で処理が完了します。

 参考　グラフデータベースは近年、注目されており、人気の高まっているデータベースです。

## ●Amazon Athena

　Amazon Athenaは、サーバーレスのクエリサービスです。設定、ソフトウェアの更新をはじめとするインフラストラクチャの管理は自動で行われます。

　Athenaでは、S3をデータストアとして使用しており、標準SQLを使用してS3内のデータを分析することができます。

　SQLを使用してクエリを発行するだけで実行できるので、操作は非常に簡単です。

**【S3に格納されたファイルをAthenaで検索する場合の構成イメージ】**

## ●Amazon QuickSight

　Amazon QuickSightは、フルマネージド型のBIサービスです。Amazon RDSやAmazon Redshiftといったデータベースサービスをはじめ、ストレージサービスのAmazon S3やクエリサービスのAmazon Athenaなどと連携して、データをダッシュボードで可視化することができます。AWS以外の外部データベースや、ファイルデータソースなどのデータ可視化も可能です。

## ●AWS Database Migration Service（AWS DMS）

　AWS Database Migration Serviceは、データベース間でデータを移行するためのサービスです。リレーショナルデータベース、NoSQLデータベース、データウェアハウスなど複数種類のデータベースに対応しており、オンプレミス環境のデータベースサーバーからAmazon RDSへの移行やRDSからRDSへの移行などに使用できます。

　また、AWS Schema Conversion Tool（AWS SCT）と組み合わせて使用することで、異なるデータベース間の移行やインデックス、ビューの作成も可能です。

**試験対策**

DMSは複数種類のデータベースの移行に対応していますが、移行元に指定可能なデータベースと移行先に指定可能なデータベースの種類は異なっており、移行先に指定するデータベースのほうが移行元よりも多くの種類がサポートされています。どのようなデータベースが移行先と移行元でサポートされているのか確認しておきましょう。

AWS DMSがサポートするデータベース（移行元と移行先）は、以下を参照してください。
https://docs.aws.amazon.com/dms/latest/userguide/CHAP_Source.html
https://docs.aws.amazon.com/dms/latest/userguide/CHAP_Target.html

## ●AWS DataSync

AWS DataSyncは、NFSやSMBなどで構築されたストレージシステムとAWSのストレージサービス間のデータ転送サービスです。

オンプレミス環境のファイルサーバーからAmazon EFSにデータを移行したり、Amazon S3上のファイルシステムに転送するなど、サポートされているサービス間でデータを柔軟にやり取りできます。

データ転送の相手先がAWSサービスであれば、IAM権限やセキュリティグループでの許可が必要で、AWSサービス以外であればエージェントインストールが必要になります。

データ転送の具体的な手順は、次のとおりです。

① DataSyncエージェントデプロイ
② 転送ソース設定
③ 転送ターゲット設定
④ データ転送タスク設定・作成
⑤ データ転送タスク開始

**試験対策**　データ転送タスクでは、転送する際のオプションルールも設定することができます。ストレージシステムで管理されているファイルのグループIDや、ユーザーIDなどのメタデータをまとめてコピーするオプションがあることを理解しておきましょう。

AWS DataSyncによるデータ転送の詳細は、次のWebページを参照してください。
https://docs.aws.amazon.com/datasync/latest/userguide/create-task.html

AWS DataSyncと似たようなサービスでAWS Snowballという転送サービスも提供されています。AWS DataSyncは主にオンラインでのデータ転送に適しており、ネットワーク的にも余裕のあるケースで利用されることが多いです。
これに対して、AWS Snowballはインターネットから隔離された環境などから、大量のデータをオフラインで転送するような場合に利用されます。
このように、似たような機能を備えたサービスでも要件が異なる場合があるため、そのサービスがどのようなユースケースで利用されるか知っておくとよいでしょう。

### ●Amazon DocumentDB

Amazon DocumentDBは、マネージドなドキュメントデータベースサービスです。
JSONやXMLのような半構造データを保存し、検索・利用する場合に活用できます。代表的なNoSQLデータベースであるMongoDBと互換性があります。

### ●Amazon Keyspaces

Amazon Keyspaces（Apache Cassandra向け）は、Apache Cassandra互換のマネージドデータベースサービスです。サーバーレスのため、ユーザーの管理も不要です。
Cassandraは、Amazon DynamoDBと同じようにNoSQLデータベースの1つで、キーバリュー型のデータベースです。

### ●Amazon Timestream

Amazon Timestreamは、サーバーレスの時系列データベースサービスです。IoTのセンサーデータなど、大量に発生するデータを時系列かつ効率的に保存し、分析に利用することができます。
Timestreamを時系列データの分析用途で利用する場合は、従来のリレーショナルデータベースを利用するよりもコストを抑えられます。

## ●Amazon Quantum Ledger Database（QLDB）

Amazon Quantum Ledger Database（QLDB）は、フルマネージド型の台帳データベースサービスです。

金融取引など、データの整合性や過去履歴の真正性が求められる用途では、ブロックチェーンの仕組みを利用することがあります。この環境を自前で準備する場合は、システム開発や運用に相応のコストが必要になりますが、Amazon QLDBを利用すると低コストで容易に実現できます。

# 演習問題

**1** 企業では、Amazon EC2とAmazon RDSで稼働するシンプルなアプリケーションが稼働しています。ところが、最近になって稼働中のRDSが暗号化されていないことがわかりました。担当者は早急に対策を取りたいと考えています。実施するべき手順を次のなかから1つ選択してください。

- A. 稼働中のRDSの暗号化設定を有効化する

- B. 稼働中のRDSのスナップショットを取得し、そのスナップショットから新しいRDSを起動する。起動時の設定で暗号化を有効化する

- C. AWSサポートに問い合わせて、暗号化設定を依頼する

- D. 稼働中のRDSのスナップショットを取得し、暗号化設定を有効化してスナップショットをコピーする。コピーしたスナップショットから新しいRDSを起動する

**2** ある企業では、数年分のデータをAmazon Redshiftに保存しており、そのデータをBIツールで分析しています。あるとき、分析チームの担当者は、企業データの一部をグループ会社の分析部門に在籍するユーザーと連携することを求められました。グループ会社でもAWSは利用されていますが、担当者は連携対象以外のデータは見せないようにしたいと考えています。また、管理対象となるユーザーの数も、極力増やしたくないと考えています。最小限の作業で迅速にこれらの要件を満たす手順は、次のうちどれですか。

- A. Redshiftのスナップショットを取得し、グループ会社のAWSアカウントと共有する

- B. グループ会社ユーザーのアクセス用にRedshiftのユーザーを払い出して、必要な権限を付与する

- C. クロスアカウントデータ共有を使用して、グループ会社のAWSアカウントと共有する

- D. Redshiftから必要なデータだけファイルエクスポートし、そのファイルをグループ会社のユーザーと共有する

**3** Amazon RDSの特徴として正しくない項目は、次のうちどれですか。

A. SSL接続が可能

B. リードレプリカを利用可能

C. マルチAZを利用可能

D. データキャッシュが可能

 解答

**1** D

RDSの暗号化の知識を問う問題です。稼働中の非暗号化RDSを暗号化するには、一度スナップショットを取得し、スナップショットコピーする際に暗号化を有効化する必要があります。AとCはスナップショットを使用していないため正解ではありません。したがって、**D**が正解です。

**2** C

Redshiftデータの共有方法の知識を問う問題です。問題文に管理対象のユーザーを増やしたくないとあるため、Bのユーザーを払い出すという選択肢は除外されます。A、C、Dはいずれも実現可能ですが、数年分のデータを最小限の作業かつ迅速に連携するには、クロスアカウントデータ共有が適切です。したがって、**C**が正解です。

**3** D

選択肢A、B、CはすべてAmazon RDSの特徴を正しく説明しています。データをキャッシュできるサービスはAmazon ElastiCacheです。

# 1-7 データ処理・分析サービス

AWSでは、アプリケーションがシームレスにデータ処理できるようにするために、通知やデータ連携、分析に関わるさまざまなサービスが提供されています。

本節では、データ処理・分析に関連するサービスの概要を説明します。

## 1 データ処理・分析サービスの概要

　AWSでは、データ処理・連携を支援する各種サービスを提供しています。これらのサービスを組み合わせることにより、アプリケーションで自ら実装することなく、あらかじめ用意されているAWS上のサービスだけでデータの連携や処理、分析を簡単に行うことができます。

　たとえば、Eメール送信を実現する「Amazon Simple Email Service (SES)」や、さまざまなプロトコルでサービスにデータを配信する「Amazon Simple Notification Service (SNS)」、ストリーミング処理を行う「Amazon Kinesis」など、連携するサービスやデータの特徴によってさまざまなサービスが提供されており、ユースケースに応じた利用方法を理解することが重要です。

## 2 メッセージキューイング処理サービス

　メッセージをキューイングすることで、バッチのような非同期かつ並列の分散処理が可能になります。そうしたメッセージのキューイングは、AWSでは、Amazon Simple Queue Service (SQS) というマネージドサービスで実現できます(詳細は「5-3 需要と供給のマッチングによるコスト最適化」を参照)。たとえば、処理負荷の大きいビデオのエンコーディングなどのバッチ処理を、複数のEC2インスタンスに振り分けて分散処理する場合などに、SQSによるキューイング処理を利用できます。

　このほかにも、オープンソースのApache ActiveMQやRabbitMQ向けのマ

ネージド型サービスであるAmazon MQが提供されています。

## 3 通知処理サービス

アプリケーションからメッセージやデータを通知したい場合に利用する代表的な通知処理サービスには、次の2つがあります。

### ●Amazon Simple Email Service（SES）

Amazon SESは、AWSで提供されるEメールサービスです。たとえば、Webアプリケーションから SESで提供される APIを実行することで、メールを利用した通知を簡単に行うことができます。

### ●Amazon Simple Notification Service（SNS）

Amazon SNSは、AWSで提供されるメッセージ通知サービスです。任意のメッセージを、HTTPSなどのさまざまなプロトコルでアプリケーションから簡単に送信できます。また、Amazon CloudWatchやAmazon SQS、AWS LambdaをはじめとしたAWSの各種サービスへの通知・連携も可能です。

Amazon SNSは、次の要素で構成されます。

### ● トピック

メッセージを送信し、通知を受信するためのアクセスポイントのことです。トピックを作成し、購読者がこのトピックを購読（サブスクライブ）することで、通知が送受信できるようになります。

### ● 購読者（サブスクライバ）

対象となるトピックから発信されるメッセージの購読者（サブスクライバ）を設定します。サブスクライバには、次のようなプロトコルや AWSサービスを選択できます。

・ HTTP/HTTPS
・ Email
・ Amazon SQS
・ AWS Lambda

● **メッセージの発行（パブリッシュ）**

　作成したトピックに対して、アプリケーションなどからメッセージを発行（パブリッシュ）します。トピックに発行されたメッセージは、SNSサービスを通じて、登録されている購読者（サブスクライバ）に配信されます。たとえば、購読者がLambdaの場合、トピックに発行されたメッセージがSNSを通じてLambdaに配信され、そのメッセージがLambda側で処理されるといった連携も実行できます。

**【SNSによるメッセージ通知・連携の構成例】**

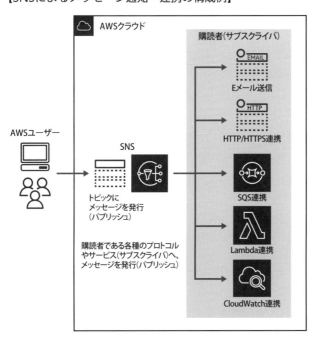

　　Amazon SNSのように、メッセージを配信（パブリッシュ）／購読（サブスクライブ）する形式による通知の仕組みは、「Pub／Sub」と呼ばれています。

データベースからのデータの抽出・変換・保存(ETL：Extract Transform Load)など、データの順次処理(パイプライン処理)が求められるケースがあります。AWSでは、**AWS Data Pipeline**サービスを利用して、ETLなどのデータの順次処理を実行することができます。

Data Pipelineの主な特徴は、次のとおりです。

・データのETL処理をスケジュール機能で自動化
・データの順次処理をワークフロー形式で定義
・処理の成功・失敗などのイベントの通知が可能
・オンプレミス環境との連携が可能

たとえば、以下のようなユースケースでData Pipelineを利用します。

・1日1回定期的にAmazon DynamoDBなどのデータベースからデータを取り出し、Amazon S3にバックアップしたあとで、取り出し元のテーブルをDynamoDBから削除する
・複数拠点に分散したWebサーバーからアクセスログをAmazon S3に定期的に保存・加工し、S3からAmazon Redshiftへデータをロードする

【Data Pipelineによる順次処理の例】

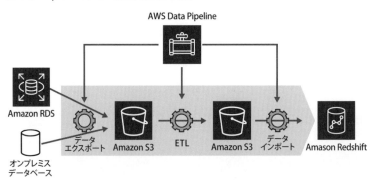

また、**AWS Glue**というサービスも提供されています。

AWS GlueはData Pipelineと同様に、データの検出、加工や変換、結合などのETL処理を、ワークフローなどでパイプライン制御できるデータ統合サービスです。

たとえば、さまざまなソースからデータを検出・抽出したうえで、データのクリーニングや正規化、結合などのETL処理を行い、結果のデータをデータベースにロードする、といった一連の処理を、GUIやジョブ・ワークフロー実行などで簡易に行うことができます。

さらに、このようなデータの順序処理には**AWS Step Functions**も利用可能です。Step Functionsは、データのETL用途に限らず、汎用的に依存関係のある複数タスクやサービス実行を制御可能なサービスです。

> AWS Data PipelineやAWS Glue、AWS Step Function以外にも、データのパイプライン処理はさまざまなサービスで実現が可能です。実際に処理を実行する際には詳細な要件や運用性などの観点からサービスを使い分ける必要がありますが、試験に向けては、細かな機能差異よりもデータ処理サービスとしての全体概要を押さえましょう。なお、Data Pipelineは2023年2月28日にサービス廃止の予定とアナウンスされています。当面、試験にはキーワードとして登場する可能性もあるため、サービス名称は押さえておきましょう。

## 5　ストリーミング処理サービス

リアルタイムに流れるデータの処理(ストリーミング処理)には、**Amazon Kinesis**を利用します。たとえば、IoTなどのデバイスからデータをリアルタイムに受信して分析する場合に利用します。

Kinesisは、主に次の3つのサービスから構成されます。

・Kinesis Data Streams：ストリーミングデータの収集
・Kinesis Data Firehose：ストリーミングデータの保存
・Kinesis Data Analytics：ストリーミングデータの分析

各サービスの詳細については、「5-3　需要と供給のマッチングによるコスト最適化」で説明します。

Kinesisにはもう1つ、動画のストリーミング処理に使われる「Kinesis Video Streams」というサービスもあります。また、オープンソースのApache Kafkaをベースとしたストリーミングデータの処理・分析サービスとして、Amazon Managed Streaming for Apache Kafka（MSK）も提供されています。

## 6 イベント連携処理サービス

**Amazon EventBridge**は、AWSの各種サービスや外部のSaaS（Software as a Service）などのイベントソースで発生するイベントを、あらかじめ設定したルールに基づいて、他サービスの各種ターゲットにリアリタイムで連携できるハブのようなサービスです。

【EventBridgeの連携イメージ】

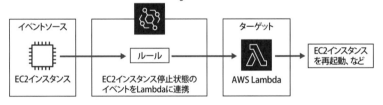

## 7 その他のデータ連携・分析処理サービス

そのほかにも、AWSにはデータを連携し、分析処理を行える有用なサービスが用意されています。

### ●Amazon AppFlow

**Amazon AppFlow**は、SalesforceやSAP、SlackなどのSaaS製品と、Amazon S3やAmazon RedshiftなどのAWSサービスとの間で、データを安全に転送できるデータ連携サービスです。

## ●AWS Lake Formation

**AWS Lake Formation**は、データ処理・分析に必要なデータの蓄積場所であるデータレイクを簡易に構築・管理できるサービスです。

## ●Amazon EMR

**Amazon EMR**は、Apache SparkやApache Hive、Prestoなどのオープンソースを使用した、ペタバイト・クラスのデータを処理、分析できるスケーラブルな処理サービスです。

## ●Amazon OpenSearch Service（Amazon Elasticsearch Service）

Amazon OpenSearch Serviceは、オープンソースであるElasticsearchをベースとしたインタラクティブなログ分析・検索サービスです。キーワードをもとにしたウェブサイト検索などを簡単に実行できます。

## ●Amazon QuickSight

Amazon QuickSightは、分析されたデータを可視化する統合的なダッシュボードサービスです。

## ●AWS Data Exchange

AWS Data Exchangeは、世界中に存在する各種のサードパーティーデータ（例：ロイターなど）を、AWSがサブスクリプション方式で提供するサービスです。

## ●AWSにおける多種多様なAI関連サービス

これらのほかにもAWSでは、AIなどのさまざまなアルゴリズムに基づくデータ分析サービスが提供されています。「AIの民主化」と呼ばれるように、これらのサービスは、AWSが蓄積してきた高品質なアルゴリズムを一般的なユーザーでも簡易に利用できるような形で提供されています。

## 【AI関連サービス】

| サービス名 | 概　　要 |
|---|---|
| Amazon Comprehend | 機械学習により、テキストからインサイトや関係性を発見するための自然言語処理（NLP）サービス |
| Amazon Forecast | 機械学習（ML）をベースにした時系列予測サービス |
| Amazon Fraud Detector | 機械学習により、潜在的なオンライン不正行為の特定・発見や不正検出モデルを構築できるサービス |
| Amazon Kendra | 機械学習（ML）を利用したインテリジェント検索サービス |
| Amazon Lex | チャットボットなどの会話型インターフェイスを備えたフルマネージド型人工知能（AI） |
| Amazon Polly | 文章をリアルな音声に変換するサービス |
| Amazon Rekognition | 画像と動画から情報とインサイトを抽出 |
| Amazon SageMaker | 機械学習（ML）モデルの統合的な開発プラットフォーム |
| Amazon Textract | スキャンしたドキュメントからテキストや手書き文字、データを自動的に抽出する機械学習（ML）サービス |
| Amazon Transcribe | 音声をテキストに自動的に変換 |
| Amazon Translate | カスタマイズ可能な言語翻訳 |

**試験対策**　これらのデータ連携・分析処理サービスの内容をすべて覚える必要はありませんが、どのような種類のAIサービスが提供されているか、概要は押さえておきましょう。

## 演習問題

**1** 処理負荷の高いビデオのエンコーディングを、バッチ処理として複数のEC2インスタンスに振り分けたいと考えています。適切なAWSサービスは、次のうちどれですか。

A　Amazon SQS

B　Amazon SNS

C　Amazon SES

D　AWS STS

**2** AWS Lambdaにメッセージを通知・連携したいときに利用するサービスとして、適切なサービスは次のうちどれですか。

A.　SMS

B.　Amazon SNS

C.　Amazon SES

D.　AWS STS

# A 解答

**1** A

メッセージのキューイングは、Amazon SQSというマネージドサービス
で実現できます。この場合、ビデオのエンコーディングの依頼をメッ
セージとしてSQSに送信し、複数のEC2インスタンスがSQSからメッ
セージを取得して、並行してエンコーディングのバッチ処理を開始し
ます。
Amazon SESはマネージド型のEメールサービス、AWS STSはAWSリソー
スへのアクセスを制御できる一時的なセキュリティ認証サービスです。

**2** B

Amazon SNSはAWSで提供されるメッセージ通知サービスで、AWS
Lambdaをはじめとした各種AWSサービスへの通知が可能です。

# 1-8　構成管理サービス・開発サービス

AWSには、システムの開発・リリースを短時間かつ高品質に行うための構成管理サービスや、開発者・運用者の作業を支援するサービスが用意されています。
本節では、AWSで提供されている構成管理サービスおよび開発者・運用者向けのサービスについて説明します。

## 1　構成管理に関する重要用語

　AWSでは、ユーザーの環境構築に関わる作業を自動化するためのサービスが提供されています。このようなサービスを利用し、従来は手動で行っていた作業を自動化することで、作業時間の短縮や人為的な作業ミスの軽減が期待できます。ここでは、その基本となるサービスについて説明していきます。

　まず、構成管理の説明でよく登場する2つの用語について説明します。

### ●プロビジョニング

　プロビジョニングは、「provision(供給)」という単語から派生した用語です。一般的には、システム利用の需要を予測し、必要に応じて設備やサービスなどのリソースを提供できるように準備することをプロビジョニングといいます。

　クラウド環境における**プロビジョニング**とは、多くの場合は複数のITリソース(サーバー、ネットワーク、データベース、ストレージなど)を、システムの利用状況や障害発生の状況に応じて動的に利用したり割り当てることを指します。

### ●デプロイ

　一般的には、アプリケーションを実行するためのファイル(バイナリファイルやソースコード)や、アセット(バイナリファイルやソースコードだけでなく、その他ドキュメント類をまとめたもの)を配布することをデプロイといいます。

　クラウド環境における**デプロイ**とは、多くの場合はサーバーにファイルやアセットを配置し、それが利用できる状況にすることを指します。

これ以外に、ビルドという用語もよく使用されます。ソースコードから実行可能なファイルを生成することをビルドといいます。これらの機能イメージを示すと次の図のようになります。

【プロビジョニング・デプロイ・ビルドのイメージ】

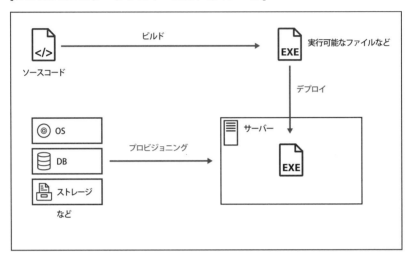

ハードウェアを自社で調達してインフラストラクチャを構築する場合は、一般的にインフラストラクチャ担当のエンジニアが環境構築手順書を作成し、環境をセットアップします。その際の課題として、次に示すようなことがあげられます。

・作業中にミスが発生する可能性がある
・導入後に構成変更があることを考慮して、インフラストラクチャ管理(設計書やサーバーのパラメータなど)が必要

アプリケーション開発においても、以前はプログラムの変更やリリース作業で同様の問題が起きていました。しかし現在では、サーバーへのデプロイ作業が自動化できるようになるなど、作業の効率化に有効な手段が一般化しています。

　このように、アプリケーション開発で実践されているコード管理・作業自動化という手法をインフラストラクチャ構築にも導入し、インフラストラクチャ構築の作業内容をコードで記述して管理できるようにした**Infrastructure as Code（IaC）**という考え方が登場しています。

　AWSでは、定義ファイルをコーディングし、コードを実行することでリソースのプロビジョニングが可能です。インフラストラクチャ環境の運用をコードで管理しているため、まったく同じ作業であれば以前に実行したコードをそのまま流用できます。構築作業に変更が生じた場合は、該当箇所のみを修正してコードを実行することで、修正版のインフラストラクチャ環境を構築することができます。

　このように、従来では煩雑であったインフラストラクチャ構築手順のバージョン管理も容易になりました。

> バージョン管理とは、主にアプリケーション開発やドキュメント作成時などの履歴を管理することです。たとえば、最初に開発したアプリケーションのコードやドキュメントをバージョン1.0として保存し、次に機能追加したアプリケーションとドキュメントをバージョン1.1として保存するといった作業になります。

　次項では、AWSの代表的な構成管理サービスと開発者・運用者向けサービスについて説明します。

## 3　構成管理サービスと開発者・運用者向けサービス

### ●AWS CloudFormation

　AWS CloudFormationは、AWS内のすべてのインフラストラクチャリソースを自動でプロビジョニングできるサービスです。

　以下に、CloudFormationを理解するための2つの重要な用語について説明します。

### ● テンプレート

　CloudFormationの設定ファイルを指し、このファイルにプロビジョニングしたいAWSリソースを記述します。

● **スタック**

テンプレートに従ってCloudFormationでプロビジョニングされるAWSリソースの集合を指します。

つまり、テンプレートに記載された内容に基づいて、プロビジョニングしてスタックを作成するのがCloudFormationの機能です。

【CloudFormationによるプロビジョニングの構成例】

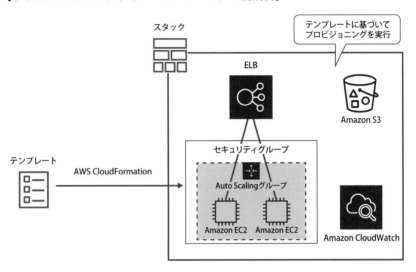

 AWS CloudFormationの設定について、詳細な書式はAWSのWebページで確認できます。たとえば、テンプレートの基礎に関しては、以下に記載されています。
https://docs.aws.amazon.com/ja_jp/AWSCloudFormation/latest/UserGuide/gettingstarted.templatebasics.html

## ●AWS Control Tower

**AWS Control Tower**は、AWSのマルチアカウントを管理するサービスです。クラウド環境を利用している企業では、アカウントを複数保有していることが多くあります。

たとえば、次に示す単位でAWS環境を複数保有しているとします。

・システムごと
・開発・テスト・本番環境ごと
・部署やチームごと

AWSアカウントの数が少なければ、これらの環境を個別に管理することもできますが、数が増えるとセキュリティ管理やアカウント管理、リソース管理などの観点から考慮すべきことが多く、複数のアカウントを安全に運用することが困難になります。Control Towerは、そうしたマルチアカウント管理の課題に対応できるサービスです。

## ●AWS License Manager

**AWS License Manager**は、各ベンダーの提供するライセンスが管理できるサービスです。

たとえば、データベースとしてOracle Databaseを、ERPツールとしてSAPを導入するなど、現在ではクラウドとオンプレミスの混在環境でさまざまなベンダーの製品・サービスを利用することが一般的です。

License Managerを利用することで、AWSとオンプレミス環境でライセンスを簡単に管理でき、契約で規定されている以上のライセンスを使用するといったライセンス違反を防ぐこともできます。

## ●AWS Service Catalog

**AWS Service Catalog**は、AWSでの使用が承認されたITサービスのカタログを作成・管理できるサービスです。

企業や組織でクラウド環境を利用する場合、ユーザーが利用したいサービスや好みのインスタンスタイプを自由に選択して、環境を構築することはありません。一般的には、管理者がセキュリティやコストを検討したうえで構築されるケースがほとんどです。また、ユーザーからの要望にすべて対応していては、管理者の負荷が増大し、作業のスピード感も低下してしまいます。

Service Catalogを利用することで、管理者は事前に『利用者が利用・構築できる環境』をサービスカタログとして定義することができます。ユーザーはこのサービスカタログを使用して、管理者が許可したAWSリソースをユーザー自身で作成できます。

## ●AWS X-Ray

　AWS X-Rayは、本番環境や分散アプリケーションを分析およびデバッグできるサービスです。

　このサービスを解説するにあたり、まずアプリケーション開発モデルについて説明します。よく比較されるアプリケーション開発モデルとして、従来のアプリケーション開発で使用されていた**モノリシックアーキテクチャ**と、近年使用されることが多くなった**マイクロサービスアーキテクチャ**があります。

　次の表は、この2つのアーキテクチャを比較したものです。

【アプリケーション開発モデルの比較】

| | モノリシックアーキテクチャ | マイクロサービスアーキテクチャ |
|---|---|---|
| 特　徴 | 複数の機能を1つのアプリケーションとして動作させる | 個別の機能を独立したサービスとして動作させる |
| メリット | ●規模が小さければ開発が容易<br>●全体の動作を確認するためのテストが容易<br>●デバッグが容易 | ●修正が必要な場合、機能単位での変更が容易<br>●サーバーレスやコンテナとの相性がよい |
| デメリット | ●大規模なアプリケーションは開発工数がかかる<br>●少し変更したい場合でも、すべてをデプロイし直す必要がある<br>●機能単位でのスケーリングが不可能 | ●機能が増えるほど、デバッグが複雑になる<br>●ボトルネックがわかりにくいため、パフォーマンス分析が難しい |
| イメージ | | |

　マイクロサービスアーキテクチャは、モノリシックアーキテクチャのデメリットを補うために利用されることが多くなりましたが、一方で、デバッグしにくいという特徴もあります。X-Rayは、そのアーキテクチャのデメリットを補いながら、分散アプリケーションのデバッグやパフォーマンス分析に利用できるサービスです。

## ●AWS Proton

**AWS Proton**は、コンテナとサーバーレス環境のためのアプリケーションデプロイサービスです。

マイクロサービスアーキテクチャが普及してきたことで、システムを運用する際には、従来よりも数多くのコンポーネントを扱う必要が出てきました。また、それらを従来の方法で管理することも難しくなりました。Protonを利用すると、多数のコンポーネントを効率よくデプロイできるようになります。

新試験（SAA-C03）では対象外ですが、このほかにも構成管理サービスとして次のサービスが提供されており、ここに参考情報として紹介します。

### ● AWS OpsWorks

構築手順どおりにサーバー構築作業を自動化する構成管理サービスで、デプロイ、プロビジョニング、リリース後の監視の機能を備えています。ChefやPuppetといったサーバーの構成を自動化するツールを利用できます。

### ● AWS CodeDeploy

アプリケーションのデプロイを自動化するサービスです。開発したアプリケーションのリリースを迅速化でき、また、リリース時の作業を自動化できるため、作業ミスの削減にもつながります。

### ● AWS CodePipeline

アプリケーションのビルド、テスト、デプロイまでの処理手順を定義し、実行します。

### ● AWS CodeBuild

ビルド・テストに利用します。

### ● AWS CodeCommit

ソースコードやドキュメントなどの成果物を、AWS上の「Gitリポジトリ」で管理するサービスです。

参考 ソフトウェア開発・運用時の作業と関係するAWSサービスは、次に示すとおりです。

| コード作成 | ビルド | テスト | デプロイ | 運用時のモニタ |
|---|---|---|---|---|
| AWS CodeCommit | AWS CodeBuild | AWS CodeBuild | AWS CodeDeploy | AWS X-Ray AWS CloudWatch |

「運用時のモニタ」に属する2つのサービスのうち、X-Rayはアプリケーションのパフォーマンス分析やデバッグに適しているのに対して、CloudWatchはインフラのパフォーマンス分析やアプリ・AWSサービスなどの監視に適しています。

## Q 演習問題

**1** 「テンプレート」と呼ばれる定義ファイルに従って、AWSリソースをプロビジョニングするサービスはどれですか。

A AWS CloudFormation

B AWS License Manager

C AWS Service Catalog

D AWS Control Tower

**2** AWS X-Rayサービスの特徴は、次のうちどれですか。

A 複数の機能を1つのアプリケーションとして動作させている

B サービスカタログを利用し、管理者の許可したAWSリソースを利用者自身が作成できる

C マイクロサービス アーキテクチャのデバッグに適している

D コンテナとサーバーレスのためのアプリケーションデプロイが可能

# A 解答

**1** A

テンプレートを使用してAWSリソースをプロビジョニングするサービスは、AWS CloudFormationです。

AWS License Managerは、ベンダー各社が提供するライセンスを管理できるサービスです。

AWS Service Catalogは、AWSでの使用が承認されたITサービスのカタログを作成および管理できるサービスです。

AWS Control Towerは、AWSのマルチアカウントを管理するサービスです。
したがって、**A**が正解です。

**2** C

AWS X-Rayサービスは、本番環境や分散アプリケーションを分析およびデバッグできるサービスで、マイクロサービス アーキテクチャのデバッグに適しています。

複数の機能を1つのアプリケーションとして動作させているのは、モノリシック アーキテクチャの特徴です。

サービスカタログを利用し、管理者の許可したAWSリソースを利用者自身が作成できるサービスは、AWS Service Catalogです。

コンテナとサーバーレスのためのアプリケーションデプロイが可能なサービスは、AWS Protonです。
したがって、**C**が正解です。

# 運用管理サービス

ここまでの節では、コンピューティングやストレージ、データベース、データ処理・分析サービスなど、AWS上でシステムを構築する際の重要なサービス群を紹介してきました。

本節では、AWSの多様なサービスを組み合わせて構築されたシステムやアーキテクチャを、安定的に運用する際に中核となる運用管理サービスを紹介します。

## 1 Amazon CloudWatchの概要

**Amazon CloudWatch**は、AWS上で稼働するさまざまなシステムやAWSのリソースの情報を収集・監視・可視化するサービスです。

たとえば、Amazon EC2インスタンスのCPU使用率を収集・監視し、ある一定以上の使用率になった場合に通知（アラートを送信）するといったアクションのほか、CPU使用率を時系列でグラフ化して監視できます。EC2だけでなく、Amazon RDSやAmazon S3、Amazon DynamoDBのような代表的なAWSサービスの使用状況、AWS利用料なども、CloudWatchで収集・監視できます。

【CloudWatchの動作イメージ】

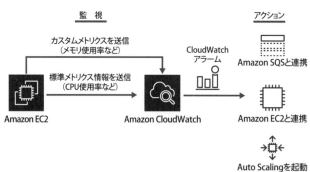

## ●EC2のメトリクス

CloudWatchで取得・監視する項目のことを「**メトリクス**」と呼びます。EC2では、デフォルトでAWSから提供されている**標準メトリクス**と**カスタムメトリクス**の2種類があります。

### ● 標準メトリクス

AWSから提供されている標準の監視項目です。デフォルトでEC2からCloudWatchに対して、さまざまな監視データを送信できます。

たとえばEC2では、次のようなメトリクスがあらかじめ用意されています。

【標準メトリクス】

| メトリクス | 説 明 |
|---|---|
| CPUUtilization | CPU使用率 |
| DiskReadOps | インスタンスストアボリュームからの読み取り回数(指定された期間) |
| DiskReadBytes | インスタンスストアボリュームから読み取られたバイト数 |
| NetworkIn | すべてのネットワークインターフェイスから受信されたバイト数 |

### ● カスタムメトリクス

標準メトリクス以外の独自のメトリクスを定義して収集したい場合は、**カスタムメトリクス**を使用します。

たとえば、メモリ使用率やディスク使用率、スワップ使用率など、標準メトリクスでは提供されていない監視項目は、ユーザーがEC2インスタンス上で監視スクリプトを作成・設定し、CloudWatchに送信して収集することができます。また、CloudWatchエージェントを通じて、カスタムメトリクスをCloudWatchに送信することができます。

---

**試験対策**　EC2のメモリ使用率やディスク使用率、スワップ使用率を監視するには、カスタムメトリクスの設定が必要です。

---

## ●CloudWatchの監視間隔と保存期間

CloudWatchでEC2を監視する場合、基本モニタリングと詳細モニタリングの2つのプランが提供されています。

【CloudWatchのプラン】

| プラン | 課　金 | 監視間隔 | 収集データの保存期間 |
|---|---|---|---|
| 基本モニタリング | 無料 | 5分間隔 | 最大15カ月 |
| 詳細モニタリング | 追加料金が必要 | 1分間隔 | 最大15カ月 |

試験対策　基本モニタリングと詳細モニタリングでは、収集したデータの監視間隔が異なります。

参考　監視間隔はAWSサービスによって異なります。たとえば、Amazon EBSやELB、Amazon RDSでは、1分間隔のデータが無料で閲覧できます。

## ●CloudWatchアラームによるアラームとアクション設定

CloudWatchアラームでは、CloudWatchで監視している項目が、ある一定の値に達した場合にアラームとアクションを起動することができます。たとえば、「EC2インスタンスのCPU使用率が80％を5分以上超えた場合は、アラームを送信してSNSでメール通知し、もう1台のEC2インスタンスをAuto Scalingポリシーで起動する」などの一連のアクションが自動化できます。

CloudWatchには、次の図に示すように3つの状態があります。

【CloudWatchの状態】

| 状　態 | 説　明 |
|---|---|
| OK | 定義された監視しきい値を下回っている（正常）状態 |
| ALARM | 定義された監視しきい値を上回っている（異常）状態 |
| INSUFFICIENT_DATA | CloudWatchに送信されるデータが不足しているため、正常か異常かを判定できない状態 |

たとえば「CPU使用率のしきい値を、使用率80％以上で5分間持続した場合にアラームを送信」と定義した場合、80％が5分以上継続すると、OKからALARMへとCloudWatchの状態が遷移し、事前に定義したアクション（たとえば、Auto Scalingの起動）を実行します。これに対して、CPU使用率が80％以下を5分間継続した場合は、CloudWatchの状態がALARMからOKへと戻ります。

## ●CloudWatch Eventsによるイベント駆動型監視とアクション設定

CloudWatch Eventsは、AWS上のリソースの状態を監視し、あるイベントをトリガーにアクションを実行する機能です。たとえば、EC2インスタンスの状態変化を監視し、状態変化を検知したらLambdaやSNSを実行する、などの連携が可能になります。

前項で説明したCloudWatchはメトリクスが監視対象ですが、CloudWatch Eventsは状態変化などのイベントをトリガーにしてアクションを実行します。

状態監視の対象は**イベントソース**と呼び、「スケジュール」とAWSリソースに対する「イベント」の2種類があります。

### ● スケジュール

分、時、日など時間や期間を定義できます。たとえば、「日曜の朝6時」や「2日間隔」などが指定できます。

### ● AWS リソースのイベント

EC2インスタンスの状態変化(pending、running、terminatedなどの状態)や、Auto Scalingの状態変化(起動成功、起動失敗などの状態監視)など、AWSリソースのイベントをトリガーにできます。たとえば、Auto Scalingで「インスタンスが増加したら」などが指定できます。

監視後のアクションとして定義する対象を、**ターゲット**と呼びます。ターゲットには、次に代表されるAWSリソースを1つ、または複数指定できます。

・ Lambda関数
・ SNSトピック
・ Kinesisストリーム
・ SQSキュー

これらのイベントソースとターゲットを組み合わせると、たとえば、スポットインスタンスが強制停止する状態変化を監視し、検知したらLambdaを実行して新たなスポットインスタンスを起動する、などの自動化が可能になります。

【CloudWatch Eventsの動作イメージ】

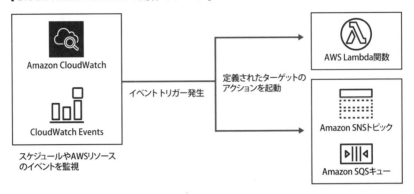

なお、類似サービスとして、CloudWatch Eventsが機能強化された EventBridgeというサービスがあります。EventBridgeは、CloudWatch Events と同じAPIが利用でき、将来的にはEventBridgeに統合される予定です。

今後、Amazon CloudWatch EventsがAmazon EventBridgeへ置き換わる予定であることがAWSからアナウンスされています。試験では、EventBridge（CloudWatch Events）と補足される場合がありますが、どちらもイベント駆動型のサービスであるという点を押さえておきましょう。

## ●CloudWatch Logs

AWS CloudTrailやAmazon VPCフローログなど、さまざまなAWSのログを 統合的に収集するサービスです。

EC2インスタンスからログを収集する場合は、独自のエージェントをインストールすることで、EC2インスタンスの各種ログをCloudWatch Logsで収集できるようになります。

また、収集したログに対しては、アラームを設定して監視することもできます。 たとえば、「ERROR」から始まる行がログにあった場合にSNSに通知する、といったアラーム設定が可能です。

【CloudWatch Logsの動作イメージ】

 **試験対策**

Amazon CloudWatch、CloudWatchアラーム、CloudWatch Events、CloudWatch Logsの各々の特徴と違いを押さえておきましょう。

**CloudWatch**

CPU使用率などの各AWSリソースの状態・メトリクスを定期的に取得する機能

**CloudWatch アラーム**

CPU使用率のしきい値などのAWSリソースを監視し、状態の変化を警報（またはアクション）する機能

**CloudWatch Events**

独自のイベントをトリガー（イベントソース）として定義し、後続のアクション（ターゲット）の組み合わせを定義する機能

**CloudWatch Logs**

EC2インスタンス等のAWSリソースのログを収集・監視する機能

---

## 2 その他の運用管理サービス

AWSには、Amazon CloudWatch以外にも、さまざまな運用管理サービスが用意されています。

### ●CloudTrail

AWSアカウントで利用された操作(イベントやAPIコール)をログとして記録するサービスです。

AWSマネジメントコンソールへのログインやEC2インスタンスの作成といっ

た「管理イベント」と、Amazon S3バケット上のデータ操作やLambda関数の実行といった「データイベント」の2種類を取得できます。

これらの操作ログを蓄積し、AWSへの不審なアクセスや操作がなされていないか、意図せぬ設定変更が行われていないかなどが追跡できます。また、CloudWatch Logsと組み合わせて不正な操作ログの文字列をアラームとして設定しておくことで、さまざまなセキュリティ監視や監査に活用できます。

## ●VPCフローログ

VPC内のネットワークインターフェイス間で行き来する通信の内容をキャプチャする機能です。CloudWatch Logsと組み合わせて、意図しない通信が行われていないかなどの監視・監査に利用します。

## ●AWS Config

AWSのサービスで管理されているリソースの構成変更を追跡するサービスです。たとえば、EC2インスタンスの作成や削除などの構成変更や、S3バケットに対する設定変更などの履歴をログに取得できます。

## ●AWS Systems Manager

AWS内のさまざまなリソースの運用情報を統合的に可視化・制御するサービスです。Systems Managerはいくつかの機能で構成されています。たとえば、パラメータストア機能では、Amazon RDSのデータベース文字列やパスワードなどの秘密データといった、AWS内で利用するさまざまなパラメータを一元管理することができます。また、オートメーション機能や実行コマンド機能では、EC2インスタンスなどのAWSリソースに対する運用タスクの制御や自動化も行うことができます。

## ●AWS Trusted Advisor

AWSのベストプラクティスに基づいて、「コスト最適化」「セキュリティ」「耐障害性」「パフォーマンス」「サービスの制限」の5項目で、ユーザーのAWS利用状況をチェックし、改善すべき事項を推奨するサービスです。

## ●AWS Managed Grafana / AWS Managed Service for Prometheus

オープンソースのGrafanaとPrometheusを、AWSがマネージドサービスとして提供しているサービス群です。

　GrafanaとPrometheusはどちらも、統合的な運用管理ツールとして、さまざまなメトリクスやログの収集、分析・可視化を行うことができます。特にPrometheusは、コンテナ化されたアプリケーションおよびインフラのモニタリングを強みとしています。

**試験対策**

運用管理に関連するサービス群とそれらの役割の違いを押さえておきましょう。
特に、AWS CloudTrailによる操作ログの取得と、CloudWatch Logsと連携した不正監視の組み合わせは重要です。

第1章　AWSサービス全体の概要

145

**1** EC2インスタンスに対してCloudWatchのカスタムメトリクスを使用する必要がある監視項目は、次のうちどれですか。

A メモリ使用率

B ディスク読み取り回数

C CPU使用率

D ネットワーク受信バイト数

**2** VPC内のネットワーク インターフェイス間のトラフィックを監視するサービスとして適切なサービスはどれですか。

A AWS CloudTrail

B VPCフローログ

C AWS Config

D AWS Trusted Advisor

**3** あなたの会社では、WebアプリケーションをEC2インスタンス上で実行しています。EC2インスタンスのCPU使用率を監視し、あるしきい値に基づいてオートスケーリングしたい場合、どのサービスで監視するのが適切ですか。

A CloudWatch Logs

B AWS Systems Manager

C VPCフローログ

D CloudWatchアラーム

## 解答

**1** A

標準メトリクス以外の独自のメトリクスを定義して収集したい場合は、カスタムメトリクスを使用します。メモリ使用率は標準メトリクスでは提供されていない監視項目です。

**2** B

VPCフローログは、VPC内のネットワークインターフェイス間で行き来する通信の内容をキャプチャする機能です。意図しない通信が行われていないかなどの監視・監査に利用します。

**3** D

CloudWatchアラームは、CloudWatchで監視している項目がある一定の値になった場合に、アラームとアクションを起動できます。たとえば、EC2インスタンスのCPU使用率が80％を5分以上超えた場合にアラームを送信し、EC2インスタンスをAuto Scalingポリシーで起動するなどの一連のアクションが自動化できます。

# Column

## AWSの歴史

パブリッククラウドの先駆者であるAWSのサービスが開始されたのは2006年です。当時はまだクラウドという言葉もなく、米国アマゾン・ドット・コム社が自社のIT設備の余剰リソースを、一般向けに提供したことが始まりです。

その構想は、2003年に当時のアマゾン・ドット・コム社のネットワークエンジニアであったベンジャミン・ブラック氏が、その上司のクリス・ピンカム氏とまとめた論文がきっかけになりました。

論文には、自社のIT設備を完全に仮想化・自動化し、サービスとして提供する現在のパブリッククラウドに近い姿が描かれています。現在、AWSには200を超えるサービスがありますが、当初はAmazon S3とAmazon SQSの2つでした。その後、Amazon EC2やAmazon RDSがリリースされ、徐々に利用者が増えていきました。

現在では、Microsoft Azure やGoogle Cloud Platform、Alibaba Cloud、Oracle Cloud などの競合も台頭し、クラウド戦国時代ともいえる状況になっています。たとえば、マイクロソフト社は自社の強みでもあるソフトウェア技術をAzureクラウドに実装し、Office製品も含めてすべての機能をクラウドサービス化して企業ニーズに幅広く対応しようとしています。また、グーグル社はBigQueryに代表されるように、AIなどの先進的な分析に特化したサービスで差別化を図っています。

ただし、こうした競合によって、パブリッククラウドのサービス事業者がどこか1社に淘汰されるようなことは起こりそうにありません。むしろ、それぞれの特徴や特性を理解し、適材適所でサービスを使い分ける"マルチクラウド活用"が望ましいとも考えられます。

まずは、先駆者であるAWSを勉強しておくことで、パブリッククラウドならではの共通的な技術や設計の勘所を押さえることができます。AWS資格を取得したうえで、他のクラウドも利用しながらマルチクラウド活用のスキルを高めていくことが、より重要になるでしょう。

AWS
Solutions Architect–Associate

第2章

# AWSにおける
# セキュリティ設計

## 2-1 AWSにおけるセキュリティ設計の考え方

AWSなどのパブリッククラウドは、インターネットからアクセスして手軽に利用できる反面、不正アクセスや情報流出などのリスクがあるため、セキュリティに十分配慮して設計する必要があります。本節では、AWSにおけるセキュリティ設計の考え方について説明します。

### 1 AWS責任共有モデルによるセキュリティ方針

AWSに代表されるパブリッククラウドの利用を検討する際に、一番の懸念事項として取り上げられるのがクラウドの「セキュリティ」です。

たとえば、AWSは世界中に多くのデータセンターと物理リソースを持っていますが、それらがどのように配置・構成されているかなどシステムの詳細は原則として公開されていません。

このようにユーザーから見えない部分もあるため、「データをクラウドに置いて大丈夫か」など、さまざまな不安が生じます。

これに対してAWSでは、クラウド事業者であるAWSと利用者であるユーザーとがセキュリティ対策の責任境界を明確にすることで、分担・協力しながらセキュリティを強化していくという方針をとっています。この考え方は「**AWS責任共有モデル**」と呼ばれています。

## 【AWS責任共有モデルの概要図】

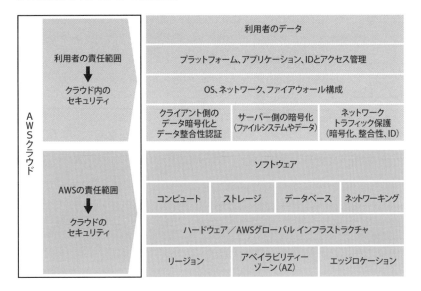

---

## 2　AWSのセキュリティ責任・対策

　では、AWSが責任を持ってセキュリティを担保している部分はどこでしょうか。

　AWSは主に、データセンターや物理ハードウェア、ネットワークや仮想化インフラストラクチャの管理・運用に責任を負っています。

　以下に、セキュリティにおけるAWSの代表的な責任範囲を説明します。

### ●ハードウェア、AWSグローバルインフラストラクチャ

　AWSは、世界中に多くのデータセンターと物理的なハードウェアリソースを配置しています。

　データセンターに対しては、その場所を秘匿にしたり、監視カメラや侵入検知システムで施設への入退を厳密に管理・制御するなどのセキュリティ対策を実施しています。

　また、装置や機器類のセキュリティにも配慮されており、たとえば、ストレージ装置を破棄する際にはデータが流出しないように規定の工程に従うなど、セキュリティを意識した運用が行われています。

## ●ネットワーキング

分散型サービス拒否(DDoS：Distributed Denial of Service)攻撃やIPスプーフィング(なりすまし)、パケット盗聴などの一般的なネットワークセキュリティ侵害に対しては、AWSが保護対策を実施しています。

## ●コンピュート

Amazon Elastic Compute Cloud(EC2)に代表されるコンピュートについては、仮想化インフラストラクチャで実現しています。仮想化を実現するハイパーバイザー(ホストOS)については、AWSがアップデートやパッチ管理、アクセス管理、ログ監査などのセキュリティ対策を講じて運用しています。

---

## 3　ユーザーのセキュリティ責任・対策

AWSを利用するユーザーは、基本的にOSから上位にあるレイヤーの管理・運用に責任を負う必要があります。

たとえば、OSおよびミドルウェアのパッチ適用やアカウント・権限管理、データ暗号化、仮想ネットワークのセキュリティ設定などが該当します。

本章では、AWS Well-Architectedフレームワークの「セキュリティ」でベストプラクティスとして定義されている以下の項目に沿って、以降の節からユーザーが担うべきセキュリティ対策のポイントを説明します。

## ●アイデンティティ管理とアクセス管理

必要最低限の権限をユーザーに付与する「**最小権限の原則**」の考え方に従って、AWSのサービスやリソースへの論理的アクセス制御をどのように実現するかを説明します。

ここでは、**AWS Identity and Access Management(IAM)** による権限管理について重点的に説明します。詳細は、「2-2　アイデンティティ管理とアクセス管理」を参照してください。

## ●ネットワークセキュリティ

AWSの仮想ネットワーク上で構築されるサーバーやアプリケーションに対して、考慮すべきセキュリティ設計を説明します。

セキュリティを考慮したVPC(Virtual Private Cloud)のセグメンテーション、セキュリティグループやネットワークACL、Webアプリケーション保護によるネットワークの論理的なアクセス制御について重点的に説明します。詳細は、「2-3 ネットワークセキュリティ」を参照してください。

## ●データの保護

ユーザーが保持するさまざまなデータを、AWSでどのように保護するかを説明します。

Amazon Simple Storage Service(S3)などのAWSのサービス側で暗号化するServer Side Encryption(SSE)、クライアント側で暗号化するClient Side Encryption(CSE)、AWS上で暗号化鍵を管理するAmazon Key Management Service(KMS)など、ユーザーのさまざまなデータセキュリティ要件に応じた対応方法について重点的に説明します。詳細は、「2-4 データの保護」を参照してください。

## ●セキュリティ監視

AWSのサービスやリソースの構成変更、操作ログなどの把握・追跡、セキュリティに関連するログの収集・監視方法などを説明します。

Amazon CloudWatchやAWS CloudTrailによるログ収集・監視、AWS Configによるリソース構成の追跡、AWS Trusted Advisorによるセキュリティチェックなどを重点的に説明します。詳細は、「2-5 セキュリティ監視」を参照してください。

**Q** 演習問題

1 AWS責任共有モデルにおいて、セキュリティに関するAWSの責任範囲は次のうちどれですか。

    A    物理ハードウェアの管理

    B    利用者のデータ管理

    C    IDや権限などのアクセス管理

    D    OSのパッチ管理

**A** 解答

1 A

AWSでは、クラウド事業者であるAWSと利用者であるユーザーとがセキュリティ対策の責任境界を「AWS責任共有モデル」という考え方で明確化しています。

たとえば、クラウド事業者であるAWSの責任範囲として、データセンターや物理ハードウェアの管理があります。したがって、**A**が正解です。

# 2-2　アイデンティティ管理とアクセス管理

AWSでは、AWSを利用するユーザーの管理や認証、サービスやリソースへのアクセス制御を「AWS Identity and Access Management (IAM)」と呼ばれるサービスで管理します。本節では、IAMによるアクセス制御の概要を説明します。

## 1　AWSにおけるアカウント

AWSを利用するには、最初に**AWSアカウント**を作成する必要があります。

アカウント作成時に指定したメールアドレスとパスワードを使用することで、AWSを管理する画面(AWSマネジメントコンソール)にログインできるようになります。

最初に作成するAWSアカウントは「**ルートユーザー**」とも呼ばれ、アカウント内のすべてのAWSのサービスやリソースに対するフルアクセス権限を持っています。たとえば、以下のような操作はルートユーザーが持つルート権限が必要となります。

- AWSアカウントのメールアドレスやパスワードの変更
- IAMユーザーの課金情報に対するアクセス許可・拒否、など

このルートユーザーの情報が乗っ取りや盗難で第三者に漏洩すると、すべての権限が奪われてしまいます。したがって、次の2つのセキュリティ対策を実施することが重要です。

- ルートユーザーに対して、強度の高いパスワードや、ログイン時の多要素認証(**MFA：Multi-Factor Authentication**)を設定する
- AWSの通常利用時には原則としてルートユーザーは使用せず、IAMユーザーとIAMグループを作成し、適切な権限(ポリシー)を与えて利用する

## 2 IAMユーザーとIAMグループの概要

AWSのユーザーに対しては、AWSアカウントのルートユーザーの権限で**IAMユーザー**や**IAMグループ**を作成し、適切な権限を**IAMポリシー**として付与することで、適切なアクセス制御の下で利用を許可します。以下に、それぞれの特徴を説明します。

### ●IAMユーザー

AWSを操作するユーザーをIAMサービスから作成します。1つのAWSアカウントで5,000ユーザーまで作成できます。

ユーザー名とパスワードを使用することで、AWSマネジメントコンソールの画面にログインできます。

IAMユーザーには、後述するIAMポリシーで権限を直接割り当てることもできますが、IAMグループに所属させてグループに対して権限を付与すると、管理しやすくなります。

【IAMユーザーに権限を直接付与】

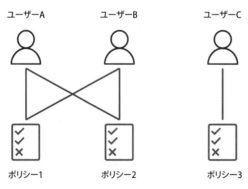

ユーザーA　　　　ユーザーB　　　　ユーザーC

ポリシー1　　　　ポリシー2　　　　ポリシー3

## ●IAMグループ

IAMユーザーを束ねるグループを作成することで、ユーザーや権限などの管理を統合的に行うことができます。

1つのAWSアカウントで最大300グループを作成でき、IAMユーザーあたり10までのグループに所属することができます。

IAMグループに対してIAMポリシーを割り当てることで、権限管理が簡素化されます。

**【IAMグループにIAMポリシーを付与】**

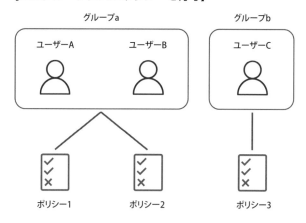

 **試験対策** IAMユーザーあたりのグループ所属数には上限があることに注意しましょう。

---

## 3 IAMポリシーによるアクセス権限管理

新規に作成したIAMユーザーやIAMグループには、最初は何も権限が付与されていません。このため、最低限必要となる権限のみを、IAMポリシーを利用してIAMユーザーやIAMグループに付与します。

この手法のように、最低限必要な権限のみを付与することでアクセスの範囲を制限してセキュリティを高めることを、AWS Well-Architectedフレームワークでは「**最小権限の原則**」と呼んでいます。

第**2**章 AWSにおけるセキュリティ設計

## ●IAMポリシーの記述方法

IAMポリシーは、どのユーザーやグループが、どのAWSサービスまたはリソースに対して、どの操作を許可または拒否するかをJSON（JavaScript Object Notation）形式で記述します。

**例** IAMポリシーのJSON記述例（Amazon S3の操作を、ある特定のアクセス元IPアドレスからのみに制限する）

```
{
  "Version":"2012-10-17",
  "Statement":[
    {
      "Action":[
        "s3:GetObject"              ←対象となるAWS操作を指定
      ],
      "Effect":"Allow",            ←許可の設定ならば"Allow"、
      "Principal":"*",               拒否の設定ならば"Deny"
      "Resource":"arn:aws:s3:::test-bucket/*", ←対象となるAWSリソース
      "Condition":{                                    を指定
        "IpAddress":{              ←このアクセス制御が有効になる条件の設定
          "aws:SourceIp":[
            "11.22.33.44/32"
          ]
        }
      }
    }
  ]
}
```

この例の場合、アクセス元IPアドレスが11.22.33.44ならば、S3のtest-bucketというバケット内のオブジェクト例に対してGetObjectの操作を許可する。

158

**例** IAMポリシーのJSON記述例（ある特定のIPアドレスから、Amazon EC2 のある特定リージョンのEC2インスタンスの削除を許可）

```
{
  "Version":"2012-10-17",
  "Statement":[
    {
      "Effect": "Allow",   ←Allowのため許可
      "Action": "ec2:TerminateInstances",  ←対象のAWS操作はEC2
                                              インスタンスの削除
      "Resource": "*",   ←対象となるリソースはすべてのEC2インスタンス
      "Condition":{
        "IpAddress":{
        "aws:SourceIp":"10.10.10.0/24"   ←10.10.10.0/24からの操作のみ有効
        }
      }
    },
    {
      "Effect": "Deny",   ←Denyのため拒否
      "Action": "ec2:*",  ←対象のAWS操作はEC2すべて
      "Resource": "*",   ←対象となるリソースはすべてのEC2インスタンス
      "Condition":{
        "StringNotEquals":{
          "ec2:Region":"ap-northeast-1"   ←EC2のap-northeast-1リージョンで
                                             ない場合のみ拒否が有効
        }
      }
    }
  ]
}
```

この例の場合、1つ目のポリシーで、10.10.10.0/24からのEC2インスタンスの削除操作のみ許可し、2つ目のポリシーでap-northeast-1リージョン以外に対するEC2の操作をすべて拒否する。

　前述したとおり、最小権限の原則に則り、デフォルト設定ではユーザーは何も許可されていません。したがって、IAMポリシーで明示的に許可を設定しな

い限り、すべての操作が拒否されます。これを「**暗示的な拒否**」と呼びます。

一方で、IAMポリシーで許可や拒否の権限を付与するには、IAMポリシーに明示的に記述します。これを「**明示的な許可**」あるいは「**明示的な拒否**」と呼びます。

**権限の優先度**としては、優先度の高いものから「明示的な拒否」「明示的な許可」「暗示的な拒否」の順となります。

IAMポリシーでは、権限の優先度は以下のようになります。重要ですので、覚えておきましょう。

明示的な拒否 ＞ 明示的な許可 ＞ 暗示的な拒否

試験対策

JSONで定義されているIAMポリシーの内容から、どのような操作に対するアクセスが許可、あるいは拒否されているかを判断できるようにしておきましょう。

試験対策

最小権限の原則は、AWSに限らず一般的にITシステム設計・構築時に考慮すべきセキュリティ対策における重要な考え方です。

参考

## ●IAMポリシーの種類

IAMポリシーには、以下の3種類の設定方法が提供されています。

・AWS管理ポリシー
・カスタマー管理ポリシー
・インラインポリシー

**AWS管理ポリシー**は、AWSが管理する事前に定義されたポリシーのテンプレート群です。

一般的なユースケースに基づいたポリシーが用意されており、ユーザーは条件に合うポリシーを選択するだけで利用できます。たとえば、代表的なポリシーとして**AdministratorAccess**と**PowerUserAccess**が用意されています。

## 【代表的なAWS管理ポリシー】

| AdministratorAccess | PowerUserAccess |
|---|---|
| ●すべてのアクセス権限を提供するポリシー<br><br>●AWSアカウントを利用しない代わりに、管理者相当のIAMユーザーやIAMグループに付与する | ●IAMサービスを除くその他すべてのアクセス権限を提供するポリシー<br><br>●通常業務ではユーザー管理やポリシー管理を必要としないIAMユーザー（例：開発者など）やIAMグループに付与する |

**カスタマー管理ポリシー**は、AWSのユーザーが自身で作成・カスタマイズできるポリシーです。

標準提供されているAWS管理ポリシーではセキュリティ要件を満たせない場合に利用します。

## 【カスタマー管理ポリシー】

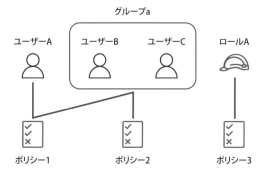

**インラインポリシー**では、IAMユーザーやIAMグループ、IAMロールに埋め込まれているポリシーに対し、ポリシーを1つ設定できます。

前述した2つの管理ポリシー（AWS管理ポリシーとカスタマー管理ポリシー）は複数のIAMユーザーやIAMグループ間で共有できますが、インラインポリシーは個別に埋め込まれているため共有できません。

第**2**章 AWSにおけるセキュリティ設計

【インラインポリシー】

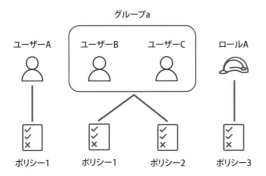

## ●Amazon S3におけるアクセス制御（バケットポリシー）

Amazon S3には、4つのアクセス制御があることを「1-5　ストレージサービス」で説明しました。ここでは、**バケットポリシー**によるアクセス制御の例を示します。バケットポリシーもIAMポリシーと同様に、JSON形式で記述します。

例　**特定のIAMユーザーのみS3の操作が可能**

```
{
  "Version":"2012-10-17",
  "Statement":[
    {
                                        AWSアカウント（111122223333）の
                                        IAMユーザー（userA）以外の操作を拒否
      "Effect":"Deny",
      "NotPrincipal":{
        "AWS":"arn:aws:iam::111122223333:user/userA"
      },
      "Action":"s3:*",
      "Resource":"arn:aws:s3:::test-bucket"
    }                                   S3バケット（test-bucket）に
  ]                                     対するすべてのS3操作
}
```

この例の場合、IAMユーザー「userA」以外のユーザーに対して、Amazon S3バケットの操作が拒否される（AWSマネジメントコンソールからAmazon S3を操作する場合を想定したポリシー記述例）。

試験対策　AWS管理ポリシーで提供されている代表的なポリシーは重要です。覚えておきましょう。

## 4　IAMによる認証方式

　ここまで、IAMユーザーとIAMグループに対して、最低限必要なアクセス権限をIAMポリシーで付与する方法を説明しました。IAMユーザーから実際にAWSサービスの操作を行うためには、**認証情報**も必要です。

### ●IAMユーザー名とパスワード

　各種のAWSサービスを操作する場合、たとえば「EC2インスタンスを起動する」といった操作を実行するには、WebブラウザからAWSマネジメントコンソールを利用します。

　このAWSマネジメントコンソールを利用する際には、**IAMユーザー名**と**パスワード**の認証情報が使用されます。

試験対策　通常は、「強度の高いパスワードのみを許可する」「パスワードの有効期限を設定する」などのパスワードポリシーを設定することで、ログイン時のセキュリティを強化します。

### ●多要素認証（MFA：Multi-Factor Authentication）

　パスワード流出による"なりすまし"を防ぐため、通常は**多要素認証（MFA）**により認証時のセキュリティを強化します。

　たとえば、IAMユーザー名とパスワードに加え、Google Authenticatorなどで生成されるワンタイムパスワードをもう１つの認証情報として利用します。

### ●アクセスキーIDとシークレットアクセスキー

　IAMユーザーは**アクセスキーID**と**シークレットアクセスキー**のペアを作成することができます。

　これらの認証情報は、コマンドラインで利用するAWS Command Line

第2章　AWSにおけるセキュリティ設計

Interface（AWS CLI）、またはプログラムからAPI経由で利用するAWS SDKの認証情報として使うことができます。

　たとえば、ある自作のプログラムから「EC2インスタンスを起動する」といった操作を記述したい場合は、プログラムのソースコードにアクセスキーIDとシークレットアクセスキーを指定する必要があります。

　ただし、アクセスキーIDとシークレットアクセスキーを利用した認証は、流出によるリスクもあるため現在は推奨されていません。たとえば、プログラムのソースコードにキーを直接記述していると、ソースコード流出に伴うキー流出のリスクがあるため非常に危険です。したがって、現在では次に説明するIAMロールによる認証が推奨されています。

## ●IAMロール

　**IAMロール**は、AWSサービスやアプリケーションにAWSの操作権限を付与する仕組みです。

　IAMユーザーやIAMグループとは紐付けせず、**IAMロールに対してIAMポリシーを直接付与**することで権限を管理します。

　たとえば、EC2インスタンスにIAMロールを直接割り当てることで、その上で稼働するアプリケーションから、AWS SDK経由でアクセスキーIDとシークレットアクセスキーなしで、IAMロールで許可されている操作（Amazon EC2やAWS LambdaからAmazon S3やAmazon DynamoDBへの書き込みなど）を行うことができます。

**【ロール利用時のイメージ】**

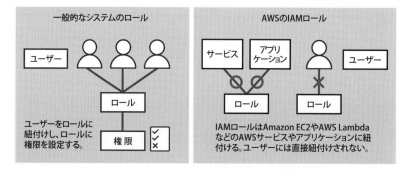

アクセスキーIDとシークレットアクセスキーを用いた認証と、IAM
ロールによる認証方式の違いを押さえておきましょう。

試験対策

次の例では、IAMロールをEC2インスタンスに割り当て、Amazon EC2から
Amazon S3上のバケットやファイルへの読み取り操作を許可しています。

【IAMロールの割り当てと操作の許可の例(1)】

次の例では、IAMロールをAWS Lambdaに割り当て、LambdaからAmazon
DynamoDBへの読み取りや書き込みを許可しています。

【IAMロールの割り当てと操作の許可の例(2)】

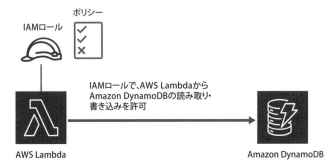

IDフェデレーションとは、企業や組織などですでに導入されている認証の仕組みとAWSの認証を紐付けし、**シングルサインオン**を実現する機能です。

この機能により、全従業員のユーザー認証情報をAWSのIAMに登録する必要がなくなり、すでに導入されているLDAP[※1]などの認証の仕組みと連携して、AWSサービスを簡単に利用できます。

たとえば、企業で利用中のLDAP認証基盤で認証された社員に対しては、AWSのAmazon S3へのアップロードも許可するといった認証連携が可能になります。

また、GoogleやFacebookなどのSNS(ソーシャルネットワーキングサービス)で使われている認証情報と連携することもできます。

## ●SAML 2.0を使用したIDフェデレーション

IAMでは、**SAML(Security Assertion Markup Language)2.0**や**OpenID Connect**と互換性のある認証プロトコルをサポートしています。

SAML 2.0やOpenID Connectは、IDフェデレーションによるシングルサインオンを簡単に実現するためのプロトコルです。認証したユーザーごとに一時的なアクセスキー(Temporary Security Token)を発行することで認証連携を実現します。

AWSへの一時的なアクセスキーは、AWS Security Token Service(STS)というサービスで管理・発行されます。

【SAML 2.0による企業の認証基盤と連携したIDフェデレーションの概念フロー】

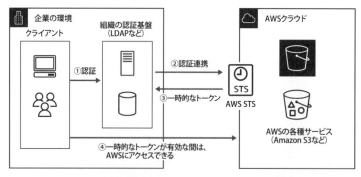

※1 【LDAP】Lightweight Directory Access Protocol:ユーザーの認証情報などを格納したディレクトリデータベースへアクセスするためのプロトコル。

## ●Web IDフェデレーションによるSNSとの連携

　GoogleやFacebookなど、OpenID ConnectをサポートしているSNSをIDフェデレーションで連携させると、AWSにシングルサインオンすることができます。これを「Web IDフェデレーション」と呼びます。

　なお、Webアプリケーションやモバイルアプリから認証する場合は、**Amazon Cognito**というサービスを利用することで、各SNSとの認証連携が簡単に実現できます。

## ●Directory ServiceによるMicrosoft ADとの認証連携

　**AWS Directory Service**は、AWSのクラウド内で管理されるマネージド型のMicrosoft AD[※2]です。

　主に以下の3つのディレクトリタイプを提供します。

- Microsoft AD
- Simple AD
- AD Connector

　**Microsoft AD**では、AWS上でActive Directoryサービスを利用できます。

　**Simple AD**では、AWS上でActive Directory互換のSambaサービスを利用できます。

　**AD Connector**は、既存のActive Directory環境へ接続するためのプロキシサービスです。たとえば、企業や組織内の認証基盤としてすでにMicrosoft ADを使用している場合は、Directory Serviceが提供するAD Connectorを利用することで、AWSで必要となる認証を既存のActive Directoryに接続して連携することができます。

試験対策

Directory ServiceのAD Connectorを利用することで、企業内にある既存のActive Directoryとの認証連携を行うことができます。

---

※2　【Microsoft AD】Microsoft Active Directory：マイクロソフト社が開発したディレクトリサービスで、主にユーザー情報など企業内のさまざまな情報を管理する。

　ここまでは、AWSアカウント内のルートユーザーやIAMユーザーの管理・アクセス権限について説明してきました。ここからは、AWSアカウント自体が複数ある場合のアカウント管理方法とアクセス制限について説明します。

## ●AWS Organizations

　1つの組織内で複数のAWSアカウントを保持するケースがあります。たとえば、提供するビジネスのシステム・サービスごと、あるいは保持する環境ごと(開発環境やテスト環境、本番環境)など、用途ごとに複数のAWSアカウントを管理しなければならない場合です。

　そのような場合、通常であればAWSアカウントごとに権限設定やコスト管理を行いますが、アカウント数が増えてくると管理が煩雑かつ複雑になりがちです。したがって、複数のAWSアカウントに対して統合的なアカウント管理を行うことは効率化の観点で非常に重要です。

　AWSでは、**AWS Organizations**というサービスが提供されています。Organizationsを利用することで、複数のAWSアカウント作成の自動化やグループ化による集中管理、またそれらのグループにポリシーを適用したアクセス管理が実現できます。

　さらに、複数のAWSアカウントで発生した使用料を一括請求にすることができます(詳細は「5-4　コストの管理」を参照)。

## ●サービスコントロールポリシー(SCP)

　Organizationsでは、「**サービスコントロールポリシー(SCP)**」という重要な機能が提供されています。SCPは、Organizationsで管理されている複数のAWSアカウントに対して、IAMポリシーのような権限制御を統合的に管理・適用する機能です。

　たとえば、複数のAWSアカウントに対して、あるAWSサービスの使用を禁止したい場合があるとします。SCPを利用すれば、複数のAWSアカウントに対して、特定のAWSサービスの操作を禁止する共通のポリシーを設定することができます。これにより、複数のAWSアカウントに対する統合的なセキュリティやガバナンスの強化を図ることができます。

試験対策 Organizationsのサービスコントロールポリシー(SCP)の特徴を押さえておきましょう。

# Q 演習問題

**1** EC2インスタンス上のアプリケーションから、アクセスキーIDとシークレットアクセスキーを使わず安全にほかのAWSサービス（Amazon S3など）にアクセスしたいと考えています。次のうち、適切な方法はどれですか。

A Amazon S3にアクセスキーIDとシークレットアクセスキーを保存する

B IAMロールをEC2インスタンスに割り当てる

C IAMユーザーをEC2インスタンスに割り当てる

D 多要素認証（MFA）を使う

E IAMポリシーでIAMユーザーのパスワードを複雑に設定する

**2** あなたの会社では、Microsoft Active Directoryドメインコントローラを運用しています。このActive DirectoryをAWSへ移行し、運用負荷を軽減することを検討しています。移行先のサービスとして適切な項目はどれですか。

A Amazon Elastic Compute Cloud（EC2）

B AWS Identity and Access Management（IAM）

C Amazon Cognito

D AWS Directory Service

**3** 複数のAWSアカウントで利用するAWSサービスのうち、使用できるサービスを制限したいと考えています。次のうち、どのサービスを使用して制限すればよいでしょうか。

    A    AWS Organizations

    B    AWS WAF

    C    AWS Directory Service

    D    IAMロール

# A 解答

**1** B

EC2インスタンスにIAMロールを直接割り当てることで、その上で稼働するアプリケーションからAWS SDK経由でアクセスキーIDとシークレットアクセスキーなしで、IAMロールで許可されている操作（Amazon EC2やAWS LambdaからAmazon S3やAmazon DynamoDBへの書き込みなど）を行うことができます。

**2** D

AWS Directory Serviceは、AWS上でActive Directoryを利用できるサービスです。マネージドサービスとして提供されているため、サーバーの構築や運用負荷が軽減できます。D以外の選択肢は、移行先のサービスとして適切ではありません。

**3** A

AWS Organizationsでは、複数のAWSアカウントを一元管理することができます。複数のAWSアカウントで利用できるサービスを制限するには、AWS Organizationsが提供する「サービスコントロールポリシー（SCP）」という機能を利用します。

# 2-3 ネットワークセキュリティ

AWSではVirtual Private Cloud（VPC）により仮想的なプライベートネットワークを構築できます。本節では、VPCにおけるネットワークセキュリティの考え方を説明します。

## 1 VPCによるネットワーク構成

**VPC**により、AWS上でプライベートな仮想ネットワークを構築することができます。VPCをリージョン内に構築することで、Amazon EC2やAmazon RDSなどのさまざまなAWSサービスを配置できます。WebアプリケーションをAWS上で構築する場合の代表的なVPCネットワークの構成例を、次の図に示します。

【WebアプリケーションのVPC構成例】

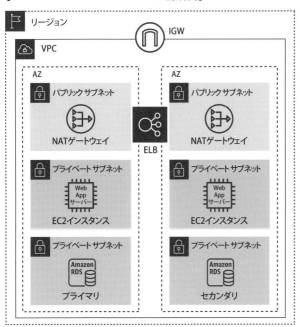

前ページで示した図【Webアプリケーションの VPC 構成例】の主な特徴は以下のとおりです。

### ● NAT ゲートウェイ

ネットワークアドレス変換(NAT)を提供するゲートウェイサービス。パブリックサブネットに配置し、プライベートサブネットに配置されたサーバーからインターネットにアクセスできるようにする

### ● Elastic Load Balancing（ELB）

インターネットからのリクエストを、複数のWebアプリケーションサーバー(EC2インスタンス)に振り分けるサービス

### ● Web アプリケーションサーバーと RDS

- ・インターネットから直接アクセスされないよう、プライベートサブネットに配置
- ・EC2インスタンス上にWebアプリケーションサーバーを構築
- ・データベースインスタンスは正(プライマリ)と副(セカンダリ)の冗長構成でデータを格納

このような一般的なVPC構成に基づいて、ユーザーが設定する必要があるネットワークセキュリティについて、次項から説明します。

---

## 2　セキュリティグループとネットワークACLによるアクセス制御

VPCでは、標準で次の2つのネットワークセキュリティ機能が提供されています。

### ●セキュリティグループ

**セキュリティグループ**は、EC2インスタンスなどに適用するファイアウォール機能です。

VPCに配置したEC2インスタンスから出入りするトラフィックを制御します。たとえば、「EC2インスタンスへのSSH(TCPポート22番)アクセスを許可する」といった制御が可能です。

主な特徴は以下のとおりです。

- デフォルトではEC2インスタンスから発信する(アウトバウンド)通信はすべて許可、受信する(インバウンド)通信はすべて拒否
- インバウンドかアウトバウンドかの区別、プロトコル(TCPやUDP)、ポート範囲(80番など)、IPアドレスなどの項目で、許可するルールのみを最大60まで定義できる
- 複数のセキュリティグループ(複数のルールの集合体)をEC2インスタンスに適用できる
- セキュリティグループの設定追加・変更は即座に反映される
- **ステートフル**な制御が可能(ルールで許可された通信は戻りの通信も自動的に許可される)

**【セキュリティグループによるファイアウォール機能のイメージ】**

セキュリティグループのインバウンド通信のルール設定例

| タイプ | プロトコル | ポート範囲 | ソース | 説 明 |
|---|---|---|---|---|
| SSH (22) | TCP | 22 | 192.168.1.0/24 | 192.168.1.0/24から22番ポートへのアクセスを許可 |
| HTTP (80) | TCP | 80 | 0.0.0.0/0 | すべての送信元IPから80番ポートへのアクセスを許可 |

**試験対策**

セキュリティグループの特徴を押さえておきましょう。特に、設定が即時反映される点、またステートフルな制御が可能である点は重要です。

**参考**

実際のセキュリティグループの適用では、インバウンド通信は最低限必要な通信のみを許可し、アウトバウンド通信は特別な要件がない限りはすべて許可しておくケースが一般的です。

## ●ネットワークACL

VPC内に構成された**サブネット**に対するファイアウォール機能です。

サブネットを出入りするトラフィックを制御します。たとえば、パブリックサブネットからデータベースサーバーが配置されたサブネットへの通信を明示的に拒否する、あるサブネットから外部へのSMTP通信を拒否するなど、主にサブネットを横断する通信を制御する場合に利用します。

主な特徴は以下のとおりです。

- ・VPC内に構成したサブネットごとに1つのネットワークACLを設定できる
- ・VPC作成時に、デフォルトのネットワークACLが1つ準備されており、初期設定ではすべてのトラフィックを許可する
- ・新規にネットワークACLを作成することもでき(「カスタムネットワークACL」と呼ぶ)、その場合の初期設定ではすべてのトラフィックを拒否する
- ・インバウンドとアウトバウンドのそれぞれに対して、許可または拒否を明示した通信制御が可能
- ・**ステートレス**(セキュリティグループとは異なり、インバウンドとアウトバウンドに対する通信制御が必要)

【ネットワークACLによるサブネットでの通信制御のイメージ】

ネットワークACLのルール設定(例)
あるサブネットからSMTP(TCPポート25)へのアウトバウンド通信のみを拒否

Webサーバーなど

EC2インスタンス

VPCサブネット

ネットワークACLによるアウトバウンド通信のルール設定例

| ルール番号 | タイプ | プロトコル | ポート範囲 | 送信先 | 許可・拒否 |
|---|---|---|---|---|---|
| 90 | SMTP(25) | TCP | 25 | 0.0.0.0/0 | 拒否 |
| 100 | すべてのトラフィック | すべて | すべて | 0.0.0.0/0 | 許可 |
| * | すべてのトラフィック | すべて | すべて | 0.0.0.0/0 | 拒否 |

ネットワークACLはステートレスであるため、インバウンド通信と
アウトバウンド通信の双方で通信制御を行うことが重要です。

ネットワークACLのデフォルト状態では、
・ルール番号100で「すべてのトラフィックを許可」
・ルール番号＊（最後の行）で「この行より上に記載したルールに
一致しないすべての通信を拒否」となります。
ルールは番号順に適用されるため、明示的な拒否の場合は100より
小さな数字を指定します。

## ●セキュリティグループとネットワークACLの両方を適用している場合の注意点

　セキュリティグループとネットワークACLの両方に通信ルールが適用されて
いる場合は、**両方のルールで許可されないと拒否になる**ため注意が必要です。

　たとえば、セキュリティグループでSMTPのアウトバウンド通信を許可、ネッ
トワークACLでアウトバウンドのSMTPを拒否の場合は、結果的に通信は拒否
となります。なお、セキュリティグループとネットワークACLの主な違いにつ
いては、「1-2　ネットワークサービス」でも説明しています。

【セキュリティグループとネットワークACLの主な違い】

| 項　目 | セキュリティグループ | ネットワークACL（デフォルト） |
|---|---|---|
| 適用範囲 | インスタンス単位 | サブネット単位 |
| デフォルト動作 | インバウンド：すべて拒否<br>アウトバウンド：すべて許可<br>ENI※3単位で設定 | インバウンド：すべて許可<br>アウトバウンド：すべて許可 |
| ルールの評価 | すべてのルールが適用される | ルールの順番で適用される |
| ステータス | ステートフル | ステートレス |

セキュリティグループとネットワークACLの両方で許可されていな
い場合は、すべて拒否になります。

---

※3　【ENI】Elastic Network Interface：VPC内のネットワークインターフェイスを提供するサービス。利用可
　　能なAWSサービスにアタッチすることでENIに紐付いたIPアドレスを利用できる。

第**2**章　AWSにおけるセキュリティ設計

前述したセキュリティグループとネットワークACLをどのように使い分けるかを、一般的なVPCの構成例に基づいて説明します。

**【一般的なVPC構成に対するセキュリティグループの適用例】**

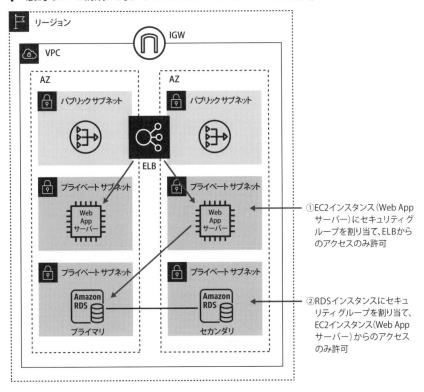

①EC2インスタンス(Web App サーバー)にセキュリティグループを割り当て、ELBからのアクセスのみ許可

②RDSインスタンスにセキュリティグループを割り当て、EC2インスタンス(Web App サーバー)からのアクセスのみ許可

この図のセキュリティグループの適用ポイントは以下のとおりです。

**(1)** Webアプリケーションサーバーが配置されたEC2インスタンスへのインバウンド通信は、ロードバランサーであるELBからのHTTP通信(ポート80番)のみを許可することで、外部からWebアプリケーションサーバーへの不必要なアクセス(たとえば、SSHなど)を制限する

**(2)** データベースサーバーであるAmazon RDS上のデータベースインスタンスには、Webアプリケーションサーバー群からの通信をすべて許可することで、外部からの通信などデータベースサーバー自体への不必要なアクセスを制限する

【ネットワークACLの適用例】

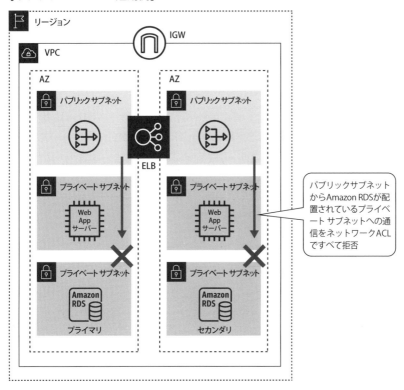

上図に示した【ネットワークACLの適用例】の例では、パブリックサブネットからAmazon RDS（データベースサーバー）が配置されているプライベートサブネットへの直接的な通信は、すべて拒否されます。

　たとえば、悪意のある第三者がインターネット上の無防備なパブリックサブネットに侵入した場合などで、データベースサーバーからのデータ流出などを防ぐため、データベースサーバーが配置されているプライベートサブネットへのインバウンド通信を明示的に禁止するケースなどが想定されます。

VPC内のEC2インスタンスに、リモートからセキュアにアクセスする方法として、**踏み台サーバー**を利用する方法があります。踏み台サーバーは、英語で「Bastion(砦)」とも呼ばれています。

たとえば、VPC内に配置されたEC2インスタンス上のサーバーに、メンテナンスなどの運用のために**SSH(Secure Shell)**や**RDP(Remote Desktop Protocol)**を利用したリモートからのアクセスを許可したいケースがあります。

VPC内のすべてのサーバーのセキュリティグループで、SSHやRDPをインターネットから常時許可しておくのはセキュリティ上好ましくありません。

そのため、メンテナンス時に一時的に踏み台としてアクセス可能な踏み台サーバーを用意しておき、踏み台サーバーにログインしたあとで、各サーバーにアクセスすることでセキュリティリスクを低減します。

踏み台サーバーによるアクセス制御のイメージを以下に示します。

**【踏み台サーバーによるアクセス制御のイメージ】**

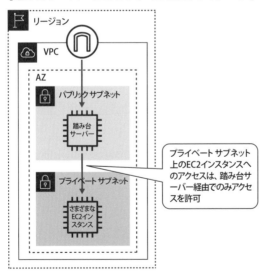

踏み台サーバーの構成のポイントは、以下のとおりです。

・ メンテナンスなどでSSHやRDPなどのリモートアクセスが必要となる場合
　のみ、踏み台サーバーを起動する（通常は停止しておく）
・ 踏み台サーバーはパブリックサブネットに設置し、パブリックIPを設定する
・ 踏み台サーバーに適用するセキュリティグループには、インターネットか
　ら踏み台サーバーに対するSSHやRDPアクセスの許可ルールを設定する
・ その際、インターネットからのアクセス元IPは、不特定多数（0.0.0.0/0）で
　はなく、メンテナンスに利用するPCなどの特定のIPやサブネットを指定す
　ることで、よりセキュアなアクセス制御が可能になる
・ 踏み台サーバー経由でアクセスされるEC2インスタンスには、必要に応じ
　て「踏み台サーバーからのSSHやRDPのみ許可」をセキュリティグループ
　に設定しておく

**試験対策**　踏み台サーバー（Bastion）の役割と構成は重要です。

**参考**　通常、LinuxサーバーへのリモートアクセスにはSSH（TCPポート番号22）、WindowsサーバーへのリモートアクセスにはRDP（TCP/UDPポート番号3389）のプロトコルがそれぞれ使用されます。

## 5　Webアプリケーションの保護

　ネットワークセキュリティに関連する重要な対策として、Webアプリケーションの保護があります。

　AWS上のサーバーに対しては、インターネットなどを経由してさまざまなセキュリティ攻撃が行われていますが、そのなかでもWebアプリケーションの脆弱性を標的とした攻撃が多く見受けられます。こうした攻撃からWebアプリケーションを保護するサービスとして、**AWS Web Application Firewall**（**WAF**）と**AWS Shield**が提供されています。

第2章　AWSにおけるセキュリティ設計

## ●AWS Web Application Firewall（WAF）

　AWS WAFは、Webアプリケーションに対する攻撃のうち、**SQLインジェクション**や**クロスサイトスクリプティング**のような一般的な攻撃を防御する機能を提供しています。

　送信元のIPアドレスに基づくアクセス制限や、HTTPプロトコル情報（HTTPヘッダや本文、URI文字列など）に対してフィルタリングを設定し、特定の攻撃パターンからWebアプリケーションを保護します。

　Amazon CloudFront や Application Load Balancer（ALB）、Amazon API GatewayなどのAWSのサービスにWAFをアタッチ（適用）し、各サービスへのアクセスを制限することができます。

**【WAFをCloudFrontとALBに設定した場合のイメージ】**

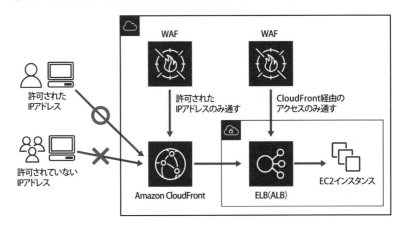

**試験対策**

AWS WAFが適用可能なサービス（CloudFront、ALB、API Gateway）は重要です。送信元IPアドレスに基づいてアクセス制限できる点も押さえておきましょう。

## ●AWS Shield

　Webアプリケーションへの攻撃のなかでも、特に**DoS（Denial of Service）**や**DDoS（Distributed Denial of Service）**などに代表される一斉攻撃を防御するには、**AWS Shiled**が適しています。たとえば、DoS攻撃で一般的なTCP SYNフラッドなどからの保護が可能です。

無償版のShield Standardと有償版のShield Advancedが提供されています。
有償版は、Amazon EC2やELB、Amazon CloudFrontなどで実行されるアプリ
ケーションを標的とした攻撃に対して、高レベルな保護や、DDoS攻撃発生時
に24時間365日のサポート対応が提供されるなど、エンタープライズ向けのサー
ビスになっています。

## ●AWS Firewall Manager

AWS Firewall Managerは、セキュリティグループをはじめ、AWS WAF
やAWS Shield、AWS Network Firewallなどのルールや設定を一元管理できる
サービスです。複数のAWSアカウントや環境で、セキュリティ設定を集中管理
したい場合に有効です。

たとえば、AWS Organizationsと連携することで、複数アカウントのALBや
Amazon CloudFrontのディストリビューションに対して、横断的にAWS WAF
ルールを簡単に設定管理・適用することができます。

**試験対策**

AWS WAFとAWS Shiled Starndard/Advancedの違いを押さえておき
ましょう。
特に、SQLインジェクションやクロスサイトスクリプティングには
WAF、DDos攻撃にはAWS Shieldが有効です。

第2章 AWSにおけるセキュリティ設計

**1** 10.1.3.2/32から、あるEC2インスタンスへのSSHアクセスを許可したいと考えています。次のうち正しい設定はどれですか。

A ネットワークACLのインバウンド通信で、アクセス元IPが10.1.3.2/32からのSSHを許可する

B ネットワークACLのアウトバウンド通信で、アクセス元IPが10.1.3.2/32からのSSHを許可する

C セキュリティグループのインバウンド通信で、アクセス元IPが10.1.3.2/32からのSSHを許可する

D セキュリティグループのアウトバウンド通信で、アクセス元IPが10.1.3.2/32からのSSHを許可する

E 何も設定しない

**2** 会社のネットワークからインターネットを経由してVPC内のWebサーバーにSSHでリモートアクセスし、メンテナンスを行いたいと考えています。最も適切な方法はどれですか。

A 踏み台サーバー(Bastion)をVPC内のパブリックサブネットに構成し、セキュリティグループで会社のネットワークからのSSHのみ許可する

B Webサーバーのセキュリティグループで、インターネットから不特定多数のSSHを常時許可する

C ネットワークACLでWebサーバーに対するSSHのインバウンド通信を拒否する

D 踏み台サーバー(Bastion)をVPC内のプライベートサブネットに構成し、セキュリティグループで会社のネットワークからのSSHのみ許可する

E NATゲートウェイをパブリックサブネットに設置する

**3** Amazon CloudFrontとAmazon S3を組み合わせて、静的Webサイトをインターネットに公開しています。悪意のある第三者による攻撃からWebサイトを保護する方法として適切なものはどれですか。

A　AWS WAFを設定し、Amazon CloudFrontに適用する

B　AWS WAFを設定し、Amazon S3に適用する

C　Amazon CloudFrontにセキュリティグループを適用する

D　Amazon S3にセキュリティグループを適用する

# A 解答

**1** C

セキュリティグループはステートフルな通信制御が可能なため、インバウンド通信のみ許可することでSSHの戻りの通信も許可されます。C以外の選択肢では、設問のとおりには動作しないため、適切ではありません。

**2** A

踏み台サーバーにより、リモートからのアクセスを一時的に許可することができます。
なお、選択肢DのようにVPC内のプライベートサブネット上に配置した場合は、インターネット上から踏み台サーバーにアクセスできません。

**3** A

AWS WAFは、Webアプリケーションを保護する機能を提供しています。WAFは、AWSサービスのAmazon CloudFrontやALB、Amazon API Gatewayに適用することができます。

# データの保護

AWSでは、ユーザーがクラウド上に保管するさまざまな種類のデータを保護するため、窃盗や改ざんを防止する手段を提供しています。本節では、暗号化に代表されるデータ保護の概要について説明します。

## 1 暗号化によるデータの保護

AWSに代表されるパブリッククラウドの特性上、データはインターネット経由で伝送され、AWSが管理するデータセンターに保管されます。したがって、ユーザーとAWSの双方でデータを保護する工夫をしなければ、データの窃盗や流出、改ざんによって甚大な被害を受けるリスクがあります。

データ保護の基本的な考え方は「暗号化」です。一般的には、以下の2種類の暗号化を検討する必要があります。

### ●通信の暗号化

ユーザーとAWSの間を通る通信経路(インターネットなど)における情報窃盗からデータを保護します。

具体的には、**SSL/TLS**などの暗号化の仕組みをユーザーとAWSの間で導入します。

AWSでは、以下に代表されるさまざまなサービスにおいて、データのアップロード／ダウンロードを保護するため、SSL/TLSによる**通信の暗号化**をサポートしています。

- Elastic Load Balancing(ELB)
- Amazon Relational Database Service(RDS)
- Amazon CloudFront
- Amazon API Gateway

たとえば、ロードバランサーであるELBの配下に複数のEC2インスタンスで構成されるWebサーバーなどがある場合は、ELBがクライアントとWebサー

バーの間でSSL/TLSの終端となり、暗号化処理を行います。

またAWSでは、SSL/TLS証明書の購入や登録・更新、証明書の期限切れに対する事前通知などが一元管理できる**AWS Certificate Manager（ACM）**サービスを提供しており、ELBなどへの証明書設定が簡単に行えます。

> ELBやAmazon RDSなどのサービスと通信する際には、SSL/TLSによる通信の暗号化が利用できます。また、ACMによってSSL/TLS証明書の購入・更新や期限が管理できます。

> SSL/TLSの利用時にはSSL/TLS証明書が必要となります。ユーザーが証明書を持ち込むことも可能ですが、AWS Certificate Manager（ACM）を利用することで、AWSサービスで利用する証明書の作成・管理が容易になります。

## ●保管するデータ自体の暗号化

AWSのAmazon EBSやAmazon S3などに保管されるユーザーデータが、悪意ある第三者からアクセスされることを防ぎます。具体的には、クライアントサイドまたはサーバーサイドでの**ファイル暗号化**などにより実現します。

また、暗号化や復号を行うには「鍵」の作成と管理も重要となります。この暗号化や復号を実行する際に使用する鍵のことを、AWSでは「**カスタマーマスターキー（CMK）**」と呼びます。

データ暗号化の方式と鍵の作成・管理について、次項から詳細を説明します。

## 2　データ暗号化の方式と場所

ユーザーとAWSとの間でデータのやり取りを行う場合、暗号化によるセキュリティ強化を検討します。暗号化の方式を検討する際には、「どこで暗号化するか」「鍵の管理はどこで行うか」の2つが重要です。

「どこで暗号化するか」については、クライアントサイドとサーバーサイドの2つの方式があります。

## ●クライアントサイドでの暗号化（CSE：Client Side Encryption）

AWSにデータを送信・保存する前に、**ユーザーの環境**でデータを暗号化します。

Amazon S3にユーザーが保持するファイルをアップロードする場合は、ユーザー側でファイルに暗号化やパスワード処理などを施してからアップロードします。

また、AWS SDKを利用して、プログラムからAmazon S3へのアップロード時にファイルを暗号化することもできます。

**Amazon EBS**では、たとえばWindowsやLinuxなどのOSが提供するファイルシステムの暗号化機能などを用いて、ユーザーがファイルシステム全体を暗号化してからデータを保管します。

## ●サーバーサイドでの暗号化（SSE：Server Side Encryption）

AWS側でファイルを暗号化します。Amazon S3やAmazon EBS、Amazon Redshift、Amazon S3 Glacierなどの**サービス**で暗号化機能を提供しています。

**Amazon S3**では、バケットに**デフォルト暗号化オプション**を設定することで、S3バケット内に保存されるファイルが自動的に暗号化されます。

また、AWS SDKやAWS CLIを利用することで、サーバーサイドのファイル暗号化を指定できます。

暗号化に必要な鍵には、次のいずれかを利用します。

- ・ ユーザーが管理している鍵
- ・ Amazon S3で自動生成された鍵
- ・ 後述するAWS Key Management Service（KMS）などのサービスと連携して生成された鍵

**Amazon EBS**では、ボリュームの作成時に暗号化を設定できます。

ただし、既存のEBSボリュームを暗号化ボリュームに変更するには、以下の作業が必要になります。

① 既存のボリュームのスナップショットを作成
② 作成したスナップショットを複製する際に暗号化オプションを指定
③ 暗号化されたスナップショットからEBSボリュームを再作成
④ EC2インスタンスから既存のEBSボリュームをデタッチ
⑤ EC2インスタンスへ暗号化されたEBSボリュームをアタッチ

クライアントサイドでの暗号化（CSE）とサーバーサイドでの暗号化（SSE）の違いを覚えましょう。特に、Amazon S3とAmazon EBSのユースケースは重要です。

## 3　暗号化に必要な鍵の管理

データの暗号化・復号には、鍵の管理と保管が必要になります。

**鍵の管理**とは、鍵自体の作成、有効化や無効化、定期的なローテーションなどを指します。

主な鍵の管理方式は、鍵の管理・保管をユーザーが自身の責任で行うか、AWS側で行うかによって以下の3種類に分類されます。

【鍵（CMK）の管理方式】

| 鍵の管理 | 鍵の保管 | 暗号化処理 | 利用するAWSサービス | 概　要 |
|---|---|---|---|---|
| ユーザー | ユーザー | CSE | ユーザー側で実施するため、特になし | ユーザーが自らの責任・環境において、鍵を管理し保管する |
| ユーザー | AWS | CSE、またはSSE | AWS KMS、またはAWS CloudHSM | ユーザーは自ら鍵を作成・管理するが、AWS KMSやAWS CloudHSMサービス上で鍵を保管する |
| AWS | AWS | SSE | 各AWSサービスの暗号化機能（Amazon S3やAmazon EBSなど） | 鍵の管理・保管などがすべてAWS側のサービス上で透過的に行われる |

## 4　AWS KMSとCloudHSMによる鍵の管理・保管

AWSでユーザーの鍵の管理と保管を行うには、AWS Key Management Service（KMS）とAWS CloudHSMを利用します。

### ●AWS KMSによる鍵の管理・保管

**AWS KMS**は、AWS上で鍵管理を提供するマネージドサービスで、主に暗号化鍵の作成や有効・無効の管理、ローテーション、削除などを行うことができます。

また、鍵自体はAWS上に保存されます。たとえば、ユーザーが作成した鍵を AWS KMSで管理・保管することで、Amazon S3上のファイルのサーバーサイ ドでの暗号化(SSE)や、データ送信前にクライアントサイドでの暗号化(CSE) も簡単に行えます。

AWS KMSと連携して暗号化処理できる主なAWSサービスには、以下のもの があります。

・ AWS SDKやAWS CLIを利用したクライアント アプリケーション
・ Amazon S3、Amazon EBS、Amazon RDS、Amazon Redshiftなどのス トレージサービスやデータベースサービス

ユーザーの鍵をAWS KMSで管理することで、サーバーサイドでの暗 号化(SSE)やクライアントサイドでの暗号化(CSE)が利用できます。

試験対策

## ●AWS CloudHSMによる鍵の管理・保管

鍵を管理するもう1つの手段として、**AWS CloudHSM**サービスが利用できます。

**HSM(Hardware Security Module)**は、AWSのデータセンター内に配置 されるユーザー占有のハードウェア アプライアンスです。

AWSがHSMのアプライアンス自体を管理し、HSMを占有するユーザーだけ が、そのアプライアンスに保存される鍵を管理できます。

HSMは、それ自体がユーザーのVPC内に配置され、ほかのネットワークから 隔離されることや、国際的なセキュリティ基準(NIST FIPS140-2など)に準拠し ていることなどから、セキュリティのコンプライアンス要件が厳しい場合に適 用します。

【CloudHSMによる鍵管理のイメージ】

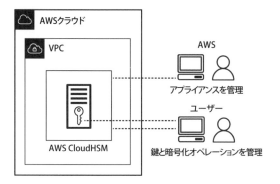

　HSMと連携して暗号化処理できる主なAWSサービスには、以下のものがあります。

・Amazon Redshift
・Amazon RDS for Oracle

**試験対策**　セキュリティ要件が厳しい場合には、AWS CloudHSMの適用を検討します。

## 5　AWS Secrets Managerによる認証情報の管理・保管

**AWS Secrets Manager**は、Amazon RDSやAmazon Redshiftなどの**データベースの認証情報**(ユーザーやパスワード)を暗号化して集中管理・保管するサービスです。

　通常、アプリケーションからデータベースにアクセスするためには、アプリケーション内にデータベースの認証情報を保持していなければなりませんが、漏洩などによるセキュリティ侵害のリスクがあります。

　アプリケーションからSecrets ManagerのAPIを実行することで、保管されているデータベースの認証情報をセキュアに取得できます。

そのほかにも、データベースの認証情報を自動的に更新できるという特徴があります。たとえば、定期的かつ自動的にAmazon RDSの認証情報を更新すれば、認証情報漏洩のリスクを低減できます。

また、AWS KMSなどと連携し、認証情報を暗号化する際に鍵の管理をKMSで行うこともできます。

【Secrets Managerによる認証情報取得のイメージ】

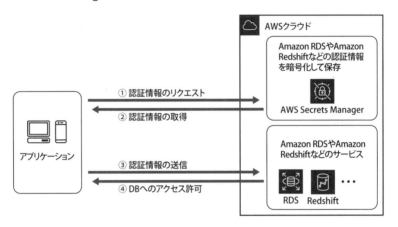

試験対策

AWS Secrets ManagerでAmazon RDSやAmazon Redshiftなどの認証情報を管理することで、アプリケーションからセキュアに認証情報を利用できます。

## 6 Amazon S3におけるデータ暗号化

「1-5 ストレージサービス」で説明したとおり、Amazon S3に保管されたデータはさまざまな方式で暗号化できます。

鍵の管理については、クライアント（ユーザー）が独自に作成した鍵を持ち込む、AWS KMSで管理する、Amazon S3がデフォルトで提供する鍵を使うなど、いくつかのオプションがあります。

各オプションは、「データを暗号化（処理）する場所」と「暗号化鍵を提供・管理するサービス」という点で異なります。

## 【S3における暗号化方式】

| 暗号化方式 | 暗号化処理 | 鍵の管理 |
|---|---|---|
| CSE | クライアントサイド（CSE） | クライアント（ユーザー）が提供・管理 |
| SSE-C | サーバーサイド（SSE） | クライアント（ユーザー）が提供・管理 |
| SSE-S3 | サーバーサイド（SSE） | Amazon S3が提供・管理 |
| SSE-KMS | サーバーサイド（SSE） | AWS KMSが提供・管理 |

試験対策　　SSE-S3やSSE-KMSの用語と、各処理の違いを押さえておきましょう。

第 **2** 章

AWSにおけるセキュリティ設計

1 複数のEC2インスタンスにWebサーバーを構築しています。SSL証明書を利用してSSL通信を可能にする方式として適切な項目はどれですか。

    A    AWSの各サービスでは、SSL/TLSをサポートしていない

    B    EBSでサーバーサイド暗号化（SSE）処理を行う

    C    AWS Certificate ManagerでSSL/TLS通信を許可する

    D    S3でサーバーサイド暗号化（SSE）処理を行う

    E    EC2インスタンスの手前にELBを作成し、SSL証明書をインストールしてSSLの通信設定を行う

2 Amazon EBS上に保存されるファイルを暗号化したいと考えています。適切な方式はどれですか（3つ選択）。

    A    既存のEBSボリュームのスナップショットを作成し、コピー時に暗号化設定を行う。暗号化されたスナップショットからEBSボリュームを作成する

    B    EC2インスタンスを停止してから、EBSボリュームの暗号化設定の変更を行う

    C    OSのファイルシステム暗号化機能を利用する

    D    EBSボリュームの新規作成時に暗号化設定を指定する

    E    EC2インスタンスを起動したまま、EBSボリュームの暗号化設定の変更を行う

3 Amazon S3上に保存されるファイルを暗号化したいと考えています。次の方式のうち、適切ではない項目はどれですか。

    A    Amazon S3との通信にSSL/TLSを利用する

    B    クライアントサイドでファイルを暗号化してからAmazon S3にアップロードを行う

C　Amazon S3のバケットでデフォルト暗号化オプションを設定する

D　AWS KMSで管理しているユーザーの鍵を自動連携し、Amazon S3上でサーバーサイド暗号化を行う

E　ユーザーの鍵を用いてAmazon S3上でサーバーサイド暗号化を行う

**4**　**あなたの会社では、データの暗号化に必要な鍵の管理をAWS上で行いたいと考えています。鍵の管理・運用負荷を軽減する方法として、適切な項目はどれですか。**

A　Amazon S3を利用し、暗号化鍵を保存する

B　IAMポリシーを利用し、IAMユーザーによる暗号化鍵へのアクセスを制限する

C　AWS KMSを使用し、暗号化鍵を管理する

D　多要素認証（MFA）を使用し、暗号化鍵を保護する

# A 解答

**1** E

Amazon ELBやAmazon RDSなどのサービスとの通信時には、SSL/TLS
による通信の暗号化が利用できます。E以外の選択肢は、SSL証明書を
利用してSSL通信を可能にする方式としては、適切ではありません。

**2** A、C、D

Amazon EBSでは、たとえばWindowsやLinuxなどのOSが提供するファ
イルシステムの暗号化の機能などを用いて、ユーザーがファイルシス
テム全体を暗号化してからデータを保管します。ボリュームの作成時
に暗号化設定が可能です。ただし、既存のEBSボリュームを暗号化ボ
リュームに変更するには、以下の作業を行う必要があります。

① 既存のボリュームのスナップショットを作成
② 作成したスナップショットを複製する際に暗号化オプションを指定
③ 暗号化されたスナップショットからEBSボリュームを再作成
④ EC2インスタンスから既存のEBSボリュームをデタッチ
⑤ EC2インスタンスへ暗号化されたEBSボリュームをアタッチ

**3** A

Amazon S3は、クライアントサイドでの暗号化(CSE)とサーバーサイ
ドでの暗号化(SSE)によるファイル暗号化をサポートしています。
SSL/TLSによる通信経路の暗号化も可能ですが、これだけではAmazon
S3上に保存されるファイルが暗号化されるわけではないため、クライ
アントサイドでの暗号化(CSE)とサーバーサイドでの暗号化(SSE)を行
う必要があります。

**3** C

AWS KMSにより、AWS上で鍵の管理を行うことができます。
主に鍵の作成や有効・無効の管理、ローテーション、削除などを行う
ことができ、鍵の管理・運用負荷を軽減することができます。

## 2-5　セキュリティ監視

AWSでは、セキュリティを監視するためのさまざまな手段をサービスとして提供しています。
本節では、セキュリティに関連するインシデントやログ監視などのサービスについて説明します。

### 1　セキュリティ監視の関連サービス

　ここまでの節で、AWSにおけるさまざまなセキュリティ対策やサービスを紹介しました。セキュリティ対策で重要なことは、単にセキュリティを設定するだけではなく、日々の運用でセキュリティ状況のチェックや監視を継続的に行うことです。そうすることにより、思わぬ対策漏れやインシデントの早期発見が可能になります。

　AWSのセキュリティ監視に関連するサービスとして押さえておくべき代表的なものは、以下の11のサービスです。

- ・AWS CloudTrail
- ・VPCフローログ
- ・Amazon GuardDuty
- ・Amazon CloudWatch Logs
- ・AWS Config
- ・AWS Trusted Advisor
- ・Amazon Inspector
- ・AWS Artifact
- ・AWS AuditManager
- ・Amazon Macie
- ・AWS Security Hub

## ●AWS CloudTrail

　AWS CloudTrailは、AWSアカウントで利用された操作（APIコール）を、ログとして記録するサービスです。さまざまな操作ログを蓄積することで、AWSへの不審なアクセスや操作がなされていないか、意図しない設定変更が行われていないかなど、さまざまなセキュリティ監視や監査に活用できます。主な特徴は以下のとおりです。

- ・AWSアカウントを取得した時点で有効化され、過去90日間のサービスに対する操作を表示する
- ・取得されたログはデフォルトでAmazon S3に保存され、後述のCloudWatch Logsへの連携も可能
- ・AWSのさまざまなサービスをサポート・連携してログ記録を行う
- ・記録内容は、サービスのAPIコール元、時間、送信元IPアドレス、呼び出したAPI、対象となるリソースなど

　例として、以下のようなサービスのログやイベントが記録できます。

- ・管理コンソールで、AWSアカウントのルートユーザーによるログイン履歴を記録
- ・EC2インスタンスの操作履歴（削除など）
- ・AWS KMSで管理されている鍵の使用や削除履歴

試験対策

AWS CloudTrailは、さまざまなサービス（Amazon EC2やAWS IAM、AWS KMS、ELBなど）の操作ログを収集することで、セキュリティインシデントに関連する操作を監視できる点が重要です。

## ●VPCフローログ

　VPCフローログは、VPC内のネットワークインターフェイス間で行き来する通信の内容をキャプチャする機能です。意図しない通信が行われていないか、などの監視・監査に利用します。VPCフローログを有効化することで、後述するCloudWatch Logsを使用してログを保存・可視化できます。

　記録されるログとしては送信元IP・ポート、宛先IP・ポート、プロトコル番号など、ネットワーク通信に関する詳細な内容です。

## ●Amazon GuardDuty

Amazon GuardDutyは、AWS内の各種ログ（AWS CloudTrailやVPCフローログ、Amazon Route 53のクエリログなど）を監視し、悪意のある第三者による攻撃や不正操作などのセキュリティ脅威を検知するサービスです。

たとえば、マルウェアによって動作が不審なEC2インスタンスの検出や、これまでにあまり利用されていないリージョンでのEC2インスタンス起動など、脅威の可能性がある動作を検知します。これらの脅威を継続的に検知するために、機械学習による不正な動作の学習や異常検知の仕組みが利用されています。

## ●Amazon CloudWatch Logs

Amazon CloudWatch Logsは、AWS CloudTrailやVPCフローログなど、AWSのさまざまなログを統合的に収集するサービスです。AWSのログだけでなく、Linuxなどのサーバー OSにログを収集・通知するエージェントをインストールすることで、さまざまなログをCloudWatch Logsに送信することもできます。

また、収集したログはセキュリティ監視に利用できます。たとえば、あるログ内のWarning文字列をフィルタリングして監視し、CloudWatchのアラーム機能でアラートをメール通知する、といった運用が可能になります。

【CloudWatch Logsによるログ収集とログ監視・通知の連携イメージ】

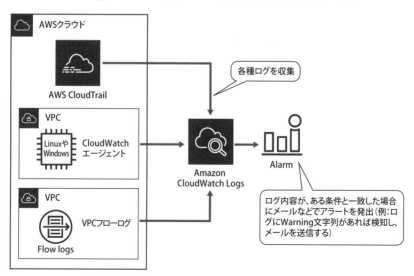

## ●AWS Config

AWS Configは、AWSのサービスで管理されているリソースの構成変更を追跡するサービスです。

たとえば、EC2インスタンスの作成や削除などの構成変更の履歴を取得できます。さらに、変更をメールなどで通知することで、意図しないリソース変更の監視・追跡が可能になります。

## ●AWS Trusted Advisor

AWS Trusted Advisorは、AWSのベストプラクティスに基づいて、コスト最適化、セキュリティ、耐障害性、パフォーマンス、サービスの制限の5項目でユーザーのAWS利用状況をチェックし、改善すべき事項を推奨するサービスです。

Trusted Advisorのセキュリティ機能では、たとえば、以下の観点でのセキュリティ診断が実行できます。

### ● セキュリティグループ ― 開かれたポート

特定のポートに対して、無制限アクセス(0.0.0.0/0)を許可しているセキュリティグループのルールをチェックします。

### ● ルートアカウントの多要素認証

AWSアカウントのルートユーザーで、多要素認証(MFA)が有効にされていない場合にアラートを表示します。

## ●Amazon Inspector

Amazon Inspectorは、EC2インスタンスやAmazon ECRに登録されている

コンテナイメージのセキュリティを高めるサービスです。たとえば、EC2イン
スタンスの場合は、Inspectorのエージェントをインストールすることで、EC2
インスタンス上にあるアプリケーションの脆弱性などを診断します。

## ●AWS Artifact

AWS Artifactは、コンプライアンス関連の情報を一元管理するサービスです。

AWS Artifactから、AWSのセキュリティおよびコンプライアンスレポート
(AWS Artifact Report)や、秘密保持契約(NDA)などのAWSとの関連契約(AWS
Artifact Agreements)を、オンラインで管理・参照することができます。

たとえば、AWS Artifact Reportsでは、Service Organization Control(SOC)、
Payment Card Industry(PCI)レポートなど、第三者監査機関のコンプライアン
スレポートをオンデマンドで参照し、ダウンロードすることができます。

さらに、AWSが準拠しているコンプライアンス関連情報を、利用者がセルフ
サービスで即座に入手できるため、AWSの利用者はガバナンスへの準拠状況を
即座に顧客に開示したり共有することができます。

## ●AWS AuditManager

AWS AuditManagerは、AWSアカウント内のリソースがコンプライアンスに
違反していないか、継続的にチェック・監査する仕組みです。

通常、これらのコンプライアンス準拠に関わる監査は、業界や企業のルール
が一致していない状況で、第三者機関等に依頼して定期的に実施する必要があ
りました。AWS AuditManagerは、これらの定期監査を仕組化し、インターネッ
ト・セキュリティ標準化フレームワークの1つであるCIS(Center for Internet
Security)ベンチマークや、PCI DSS、GDPRなどの各種規格に沿って、継続的
なチェックを自動化することができます。

## ●Amazon Macie

Amazon Macieは、機械学習とパターンマッチングを使用し、Amazon S3な
どに保存されている機密データを検出して保護するサービスです。

個人識別情報(PII)などのデータを特定できます。たとえば、Amazon S3に
保存されたファイルから氏名や電話番号、クレジット番号などが含まれるデー
タを検出し、アラートを発出することができます。

第2章 AWSにおけるセキュリティ設計

## ●AWS Security Hub

AWS Security Hubは、AWS内のセキュリティの状態が、セキュリティ標準およびベストプラクティスに準拠しているかどうかを包括的に把握し、アラートを一元化します。たとえば、前述したAmazon GuardDutyやAmazon Inspector、Amazon Macieなどのサービスから発生するセキュリティアラートを一元的に集約し、1つの管理画面でわかりやすく把握することができます。

また、AWS Security Hubにより、複数のAWSのセキュリティ関連サービスから発生する膨大な数のアラートを個別に確認・対応するといった手間を減らすことができます。

**試験対策**

Amazon GuardDuty、Amazon Inspector、Amazon Macieのサービスの違いと特徴を押さえておきましょう。
- GuardDuty … AWSのさまざまなログを監視し、悪意のある第三者などによる攻撃や不正操作などのセキュリティ脅威を検知
- Inspector … EC2インスタンスなどに対する脆弱性などのセキュリティチェックを実施
- Macie … Amazon S3などに保存されているデータを機械学習で解析し、個人情報などの機密データを検出

---

## 2 AWS上でのセキュリティ侵入テスト

継続的なセキュリティ監視の手段として、AWSを利用するユーザー側で定期的に脆弱性のスキャンやペネトレーションテスト(侵入テスト)などのセキュリティ診断を行うことも重要です。

AWSでは、「AWS脆弱性／侵入テストリクエストフォーム」から申請し許可を得ることで、ユーザー側でこれらのテストを実施することが可能です。ただし、AWSのポリシーとして、以下のリソースなどに対するテストのみが許可されています。

- EC2インスタンス、NATゲートウェイ、Elastic Load Balancing(ELB)
- Amazon RDS
- Amazon CloudFront
- Amazon Aurora

- Amazon API Gateway
- AWS Lambda関数およびLambda Edge関数
- Amazon Lightsailリソース
- Amazon Elastic Beanstalk環境
- AWS Fargate

 ユーザー側でAWSへの脆弱性スキャンや侵入テストを行うには、事前申請が必要です。

## Q 演習問題

**1** EC2インスタンスで稼働しているLinuxサーバーのログを収集して監視したいと考えています。適切なサービスは、次のうちどれですか。

A AWS Config

B VPCフローログ

C AWS Trusted Advisor

D AWS CloudTrail

E Amazon CloudWatch Logs

**2** あなたの会社では、EC2インスタンスのセキュリティに関わる一般的な脆弱性を定期的に診断したいと考えています。適切なサービスはどれですか。

A Amazon GuardDuty

B Amazon Inspector

C Amazon Macie

D AWS Config

**1**　E

Amazon CloudWatch Logsは、AWS CloudTrailやVPCフローログなどさまざまなAWSのログを統合的に収集するサービスです。
AWSのログだけでなく、Linuxなどのサーバー OSにログを収集・通知するエージェントをインストールして、各種のログをCloudWatch Logsに送信することも可能です。

**2**　B

EC2インスタンスなどのセキュリティ診断を行うサービスは、Amazon Inspectorです。
EC2インスタンスにInspectorのエージェントをインストールすることで、EC2インスタンス上のアプリケーションの脆弱性などを診断可能です。

### olumn
## AWS認定試験のアップデートと新試験について

　AWSのサービスは、機能の拡充や使いやすさの向上などを目的に日々更新されており、数カ月前には実現できなかった構成が、直近のアップデートで可能になることもあります。そのため、AWS認定試験で出題される問題内容についても定期的に更新され、最近では以下のような改定が発表されています。（2022年12月現在、予定を含む）

2022年4月　　AWS Certified SAP on AWS－Specialty（PAS-C01）

2022年7月　　AWS Certified Advanced Networking－Specialty（ANS-C01）

2022年8月　　AWS Certified Solutions Architect－Associate（SAA-C03）

2022年11月　AWS Certified Solutions Architect－Professional（SAP-C02）

2023年　　　　DVA（AWS Certified Developer－Associate認定）

2023年　　　　DOP（AWS Certified DevOps Engineer－Professional認定）

　このなかで特に注目したいのが、2022年4月にリリースされたSAP on AWS認定試験（PAS-C01）です。この試験はアップデートではなく、新しい認定試験として登場しました。試験ガイドには、「AWSでSAPワークロードを最適に設計、実装、移行、運用するための高度な技術スキルと経験を検証します」とあり、ERPであるSAPをAWS上で構成するための知識が問われます。

　試験ガイドを読んでも、SAPの知識がないと問題文を読み解くことができないと思うかもしれませんが、AWSの知識があれば、解答のきっかけをつかむことができます。SAPというサードパーティーの要素が含まれているとはいえ、求められる知識は、AWS Well-Architectedで説明されているベストプラクティスなどがベースになっているからです。

　この観点は、前述した新試験であることが理由ではなく、AWSを扱ううえで全般的に必要とされる観点であり、本書の冒頭（第1章第1節）でAWS Well-Architectedについて説明しているのも、それが理由です。

　認定試験の勉強をしていると、サービスの機能や仕組みに注目しがちですが、AWSの観点を理解し、ユーザーが何を求めているのか（試験では問題の要件）を、正しく把握できるようにしておきましょう。

# 第 3 章

# AWSにおける
# 高可用アーキテクチャ

# 高可用性の定義

コンピュータ上で動作するアプリケーションには、システム要件に応じてさまざまな可用性が求められます。AWSでは、オンプレミス環境よりも低コストかつ多様なレベルで、可用性をシステムに組み込むことができます。

本節では、可用性について一般的な考え方とAWSにおける考え方の概要を説明します。

## 1 一般的な可用性の定義

**可用性**とは、システムが正常に継続して動作し続ける能力を指します。

可用性の指標として「稼働率」が用いられ、多くの場合、パーセンテージで表されます。稼働率を高めるためには、サーバーを**冗長化**[※1]し、万一、障害が発生しても、すぐに別のサーバーへフェイルオーバーするアーキテクチャを設計するのが一般的です。

**フェイルオーバー**とは、稼働中のサーバーで障害が発生し、正常に動作しなくなったときに、待機しているサーバーへ自動的に切り替える仕組みのことです。基幹業務系システムの多くで採用されています。

次の表に、稼働率と年間停止時間の目安を示します。

【稼働率に対する年間停止時間の目安】

| 稼働率 | 年間停止時間 |
| --- | --- |
| 99% | 3日15時間36分 |
| 99.90% | 8時間46分 |
| 99.95% | 4時間23分 |
| 99.99% | 52分34秒 |

---

※1　【冗長化】システムやサーバーを単一ではなく複数で構成している状態のこと。冗長化することによって、システムの一部に障害や異常が発生してもシステム全体としては処理を継続することができる。

AWSサービスのなかには、SLA[※2]で稼働率が公表されているサービスがありますが、この稼働率はあくまでも努力目標値としての位置づけです。詳しくは、以下のURLを参照してください。
https://aws.amazon.com/jp/legal/service-level-agreements/

## 2 AWSにおける可用性向上策

　システム障害の原因の多くはハードウェアによるものです。AWSにおいてもハードウェアは存在するため、システム障害が起きる可能性があります。また、AWSサービスの特性に応じて、どのように高可用性を実現するかはユーザー側で設計する必要があります。

　AWSでは、**Design for Failure**（障害発生を前提としたシステム構築）という考え方があり、障害を回避するシステムを設計するのではなく、障害が発生してもシステムが継続できるように設計することが重要だとしています。

　では、AWSにおいて可用性を向上させるためには、どのようなことを考慮すべきでしょうか。以下に、そのポイントをあげます。

### ●リソースを冗長化する

　オンプレミス環境と同様に、**単一障害点**（SPOF：Single Point of Failure）を作らないことが重要です。単一障害点とは、障害が発生するとシステム全体が使用不能になる、もしくはシステムの動作結果の正しさを保証できなくなる箇所を指します。

　AWSサービスのなかには内部的に冗長化されているリソースもありますが、一部のサービスはユーザー側で冗長構成を設計する必要があります。また、コンポーネントを連結してシステムを構成している場合、システムに1カ所でも単一障害点が存在すると、システム全体の可用性に影響します。したがって、それぞれのコンポーネントで冗長性を持たせているかどうかを確認する必要があります。

---

※2 【SLA】Service Level Agreement：サービス提供者とサービス利用者の間で結ばれる品質基準のこと。たとえば、サーバーの場合は稼働率の保証を SLA として規定する。

【リソースの冗長化例】

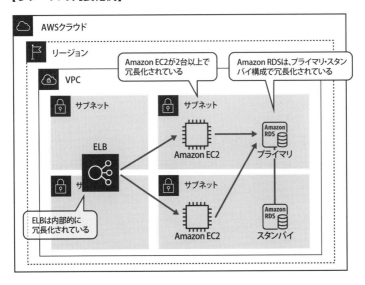

## ●地理的に離れた場所で冗長化する

オンプレミス環境では、地理的に離れた場所で冗長化する場合は拠点ごとにハードウェアを調達し、それぞれのデータセンターでシステムを構築する必要があります。

一方で、AWSのようなクラウド環境では、管理画面から設定を行うだけで、地理的に離れた場所で即座にリソースを用意することができます。

次の図は、AZ-AとAZ-Bの2つのアベイラビリティーゾーン(AZ)に、それぞれEC2インスタンスとRDSのデータベースインスタンスを構成する冗長化の例です。

EC2インスタンスはELBによって複数のAZに冗長化し、RDSはマルチAZを有効化して冗長化しています。

AWSでは、このような構成でどのサブネットにリソースを配置するかを、設定画面で選択するだけで実現できます。

208

【AZを横断する地理的な冗長化例】

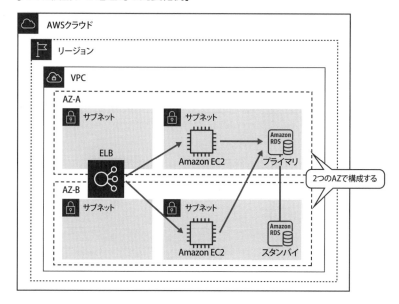

## ●システムを疎結合で構成する

　可用性を高めるうえで、システムやコンポーネントを独立させる(**疎結合**にする)考え方は非常に重要です。

　クラウドはシステムの疎結合化と相性がよく、オンプレミス環境よりも自由にコンポーネント単位でリソースを調達できます。疎結合化することで、システムの一部分が故障したり動作不良を起こした場合に、その部分だけを切り離して復旧作業を行うことが可能になり、システム全体への影響を軽減することができます。また、システムが拡張しやすくなるというメリットもあります。

　次の図に、Elastic Load Balancing(ELB)とAmazon Simple Queue Service (SQS)を利用した疎結合な構成の例を示します。

　ELBを利用することで、ELBのエンドポイントから複数のEC2インスタンスに処理を分散できるため、ほかのEC2インスタンス同士が干渉しない疎結合な構成を実現できます。

　Amazon SQSを利用することで、大量の処理を行う必要がある場合でもSQS側でバッファリングしてEC2インスタンスへの処理を並列化することができます。

　なお、ELBとSQSはAWS内部で冗長されているため、単一障害点になることはありません。

第3章　AWSにおける高可用アーキテクチャ

209

**【疎結合な構成例】**

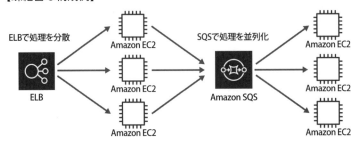

　これらの考慮点を踏まえたうえで、次節よりネットワーク、コンピューティング、ストレージ、データベースの観点から、高可用性を実現する方法を説明します。

演習問題

---

1 ある会社では、Amazon EC2とAmazon RDSを利用したアプリケーションを運用しています。ビジネスの加速にともなって要求される稼働率が高まってきたため、冗長化を検討しています。次のうち、EC2とRDSを冗長化する場合の適切な構成はどれですか。

A　EC2は同じAZに2台配置し、RDSはマルチAZを有効化する

B　EC2は同じAZに2台配置し、RDSは2インスタンス構築する

C　EC2は異なるAZに2台配置し、RDSはマルチAZを有効化する

D　EC2は異なるAZに2台配置し、RDSは2インスタンス構築する

 解答

---

1 C

EC2のようなコンピューティングリソースを冗長化する場合、同じAZよりも異なるAZで構築したほうが、AZ障害が発生した場合でも別のAZでシステム運用が継続できます。

RDSはマルチAZを有効化することで、複数のAZにインスタンスを構築でき、プライマリに障害が発生した場合でも、自動でスタンバイへ切り替えることができます。

一方、RDSを2インスタンス構築した場合は、プライマリに障害が発生すると手動で切り替えるか、自動で切り替える仕組みを用意する必要があります。

したがって、**C**が正解です。

第3章　AWSにおける高可用アーキテクチャ

## 3-2 ネットワークにおける高可用性の実現

システムの可用性を高めるためには、アプリケーションだけでなくネットワークの可用性も考慮する必要があります。

本節では、AWSにおけるネットワークサービスから、各サービスにおける高可用性の実現方法までを説明します。

## 1 ネットワークサービス

まず最初に、各AWSサービスごとに高可用性ネットワークを実現する方法について説明します。

### ●Amazon Virtual Private Cloud（VPC）

Amazon Virtual Private Cloud（VPC）は、Amazon EC2やAmazon RDSなど、アプリケーションで利用頻度の高いサービスを構成するうえで必須のサービスです。

オンプレミスのネットワーク環境のように、LANケーブルの冗長化やネットワーク機器の冗長化を考慮する必要はほとんどありませんが、以下のような事項については、しっかりと検討する必要があります。

・データセンターレベルの障害や特定地域の自然災害などに対応するため、複数のアベイラビリティーゾーン（AZ）でサブネットを構成する
・ネットワークセキュリティの境界を明確にするため、サブネットはパブリックサブネットとプライベートサブネットを構成する
・将来利用するIPアドレス数を見越してIPアドレスを設計する

次の図に、基本的なサブネットの構成例を示します。

この例では、システムの通信要件に従ってリソースが配置できるように、**パブリックサブネット**と**プライベートサブネット**の、2つの役割でサブネットを構成します。

また、それぞれのサブネットで地理的に離れた場所で冗長化するため、**もう**

1つのAZでも同じ構成を組んでいます。

　それぞれのAZでパブリックサブネットとプライベートサブネットのセットを構成することで、AZに障害が発生した場合でも、もう一方のAZのネットワークでシステムを継続させることができます。

【VPCの構成例】

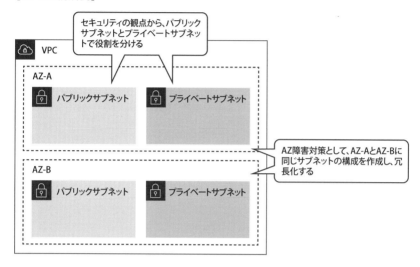

## ●NATゲートウェイ

　プライベートサブネット内のリソースからインターネットへ接続するためには、**NATゲートウェイ**（22ページを参照）を配置することになります。

　NATゲートウェイは、AZ内では冗長化されていますが、複数のAZ間では冗長化されていません。そのため、複数のAZを横断するVPCネットワークを構成する場合、それぞれのAZでNATゲートウェイを配置するかどうかを検討する必要があります。

## ●AWS Direct Connect

　AWS Direct Connectは、「接続ポイント」と呼ばれるロケーションを経由して、オンプレミス環境とAWSとの間を専用線で接続するサービスです。高速のネットワーク帯域で安定した通信を実現することができます。

　オンプレミス環境と接続ポイント間の可用性は、ユーザーが考慮する必要があります。この回線の可用性は通信キャリアの提供プランによって異なるため、

Direct Connectを契約する前に確認しておく必要があります。

なお、接続ポイントとAWS間の可用性は、AWSが提供しています。

【Direct Connectの接続例】

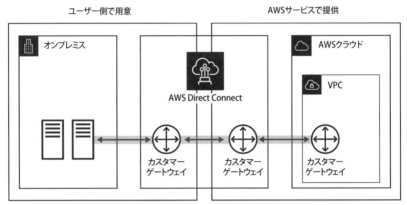

## ●Amazon Route 53

Amazon Route 53は、ドメインネームシステム（DNS）のマネージドサービスです。AWS側で高い可用性を提供しているため、Route 53の可用性を利用して、より高可用なネットワークを構築することができます。

たとえば、Amazon EC2やAmazon RDSを使用するアプリケーションは、複数のAZ間の高可用性を実現するためにELBを活用するケースがほとんどです。

一方で、複数リージョン間の高可用性を実現する場合には、DNSフェイルオーバー機能を備えたフェイルオーバールーティング（33ページを参照）を活用することで、特定のリージョンに障害が発生した場合でもDNSをすぐに切り替えて、別リージョンでアプリケーションを稼働できます。

## 2　高可用ネットワークの構築

　それでは、これまでに説明したサービスを利用して高可用ネットワークを構築するには、どうすればよいでしょうか。ここからは、オンプレミス環境とAWS間のネットワークや、AWS内のネットワークで高可用性を実現する方法を説明します。

### ●オンプレミス環境－AWS間の接続

　オンプレミス環境とAWSの間の接続は、原則としてインターネットを経由して行いますが、セキュアな接続が必要となるケースでは、AWS Direct ConnectまたはAWS Site-to-Site VPNを使用します。

　**Direct Connect**は、安定した高速通信環境が必要とされる場合に利用しますが、応分のコストが必要になります。また、契約から実際に回線が開通して使用開始するまで、手続き期間を含めて時間を要するため、すぐに利用したい場合には向きません。

　**Site-to-Site VPN**は、各メーカーのルーターに最適化された設定ファイルをAWSマネジメントコンソールからダウンロードし、その設定ファイルに基づいてオンプレミス環境のルーターを設定するだけで利用できるため、低コストで迅速に利用を開始できます。しかし、あくまでも回線はインターネットを経由するため、Direct Connectに比べると速度や安全性の点で劣ります。

　これら両者の特性を踏まえたうえで、可用性の高い回線環境を構築する例を次に示します。

### ●Direct Connect冗長化パターン

　Direct Connectを2回線用意して冗長化することで、ネットワークの高可用性を実現します。

　また、接続ポイントを東京・大阪のように別拠点にすることで、接続ポイントにおける障害にも対応することが可能です。回線にかかるコストは高くなります。

【Direct Connect冗長化の構成】

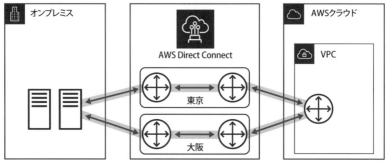

●**Direct ConnectとSite-to-Site VPNの併用パターン**

　Direct Connect障害時のバックアップ回線としてSite-to-Site VPNを採用することで、ネットワークの可用性を確保できます。

　ただし、Direct Connectに障害が発生してSite-to-Site VPNへフェイルオーバーした場合、通信品質や帯域が異なる回線に切り替わるため、パフォーマンスに影響が出る可能性があります。

【Direct ConnectとSite-to-Site VPNの構成】

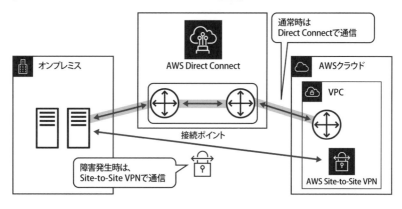

　以上、2パターンの高可用ネットワークの要点を、次の表にまとめます。

【高可用ネットワークの要点】

| 構　成 | メリット | デメリット |
|---|---|---|
| Direct Connect冗長化の構成 | ● 地理的に離れた高可用性ネットワークを構築できる<br>● 同等のネットワークを2回線用意することで、切り替え前と同等の通信品質を切り替え後も担保できる | ● 回線の運用コストが高くなる |
| Direct ConnectとSite-to-Site VPNの構成 | ● 主回線の障害時でも、システムの稼働を最低限継続できる<br>● 片系をVPNにすることで、運用コストを抑えることがでる | ● Direct ConnectからVPNへの切り替え後に通信品質が低下する |

**試験対策**　オンプレミス環境とAWS間のネットワーク冗長化のパターンを覚えておきましょう。
試験問題の内容が、コストを重視しているのか通信品質を重視しているのかを読み解くことで、どのパターンを採用すべきかわかりやすくなります。

**参考**　AWS Direct Connectには、占有型と共有型の2つの接続タイプがあります。
占有型は物理接続に対して契約するため、ユーザー側で自由に論理接続を作成することができます。共有型は物理接続をキャリアが保有しており、論理接続単位での契約が必要になります。

## ●VPC内リソースの可用性

　オンプレミス環境では、ネットワーク機器やネットワークインターフェイスなど障害ポイントとなる箇所が多数存在しますが、AWS内の物理機器は責任共有モデルに従い、原則としてAWSで管理されています。

　たとえば、インターネット接続に必要なインターネットゲートウェイ(IGW)は、AWS内部で透過的に冗長化されており、1つのゲートウェイを1カ所のVPCで利用するため、ある特定のAZで障害が発生したとしても、残りのAZで利用する通信には影響がありません。

　一方で、NATゲートウェイはAZ内では冗長化されていますが、AZ間の冗長化はされていません。そのため、AZに障害が発生してもシステムの稼働を継続する構成を検討する場合は、NATゲートウェイをAZごとに配置するかどうかを考える必要があります。

　VPC内で利用するリソースに関しては、VPCに対して利用するリソースなのか、任意のAZまたはサブネットに配置するリソースかを理解しておきましょう。

## ●Disaster Recovery(DR)サイトの構築

　複数のリージョンを横断するDRサイトを構築する場合、それぞれのリージョンでVPCを作成することになります。メインサイトのデータをコピーしたりデータベースをレプリケーションする場合は、VPC間の接続をプライベートに行うため、VPCピアリング(26ページを参照)を利用します。

　メインサイトからDRサイトへの切り替えは、Route 53のフェイルオーバールーティングなど、ユーザー側で設定する必要があります。

【VPCピアリングの接続例】

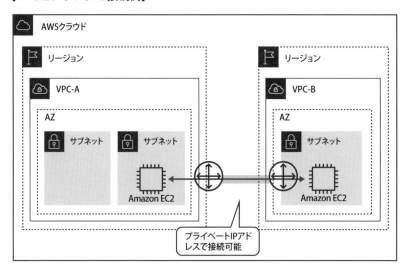

# Q 演習問題

**1** ある会社では、AWSとオンプレミス環境間の通信を行うためにAWS Direct Connectを導入して運用していましたが、先日、Direct Connectの障害でシステムが長時間ダウンしてしまいました。ソリューションアーキテクトは回線の冗長化を検討しており、できるだけ早くかつ低コストで導入したいと考えています。次のうちどのサービスが適切ですか。

    A    AWS Direct Connect

    B    AWS Site-to-Site VPN

    C    Elastic Load Balancing

    D    NATゲートウェイ

**2** アプリケーションへのパブリックアクセスを制限しながら、最低限の管理と高可用性、高拡張性を備えたAWSサービスは、次のうちどれですか。

    A    プライベートサブネットにNATゲートウェイを作成し、プライベートサブネットからインターネットゲートウェイへのルーティングを設定する

    B    パブリックサブネットにNATゲートウェイを作成し、プライベートサブネットからNATゲートウェイへのルーティングを設定する

    C    プライベートサブネットにNATインスタンスを作成し、プライベートサブネットからインターネットゲートウェイへのルーティングを設定する

    D    パブリックサブネットにNATインスタンスを作成し、プライベートサブネットからNATインスタンスへのルーティングを設定する

**1** B

---

AのDirect Connectは、高速なネットワーク帯域で安定した通信を行うことができますが、導入に時間を要し、回線コストもBのSite-to-Site VPNより高価になりやすいです。

BのSite-to-Site VPNはインターネット回線を利用しているため、AのDirect Connectよりスループットや品質は低下しますが、導入が早く、低コストで運用できます。

CのElastic Load Balancingは、Amazon EC2や特定のIPアドレスへのトラフィックを分散するロードバランシング サービスで、AWSとオンプレミス環境間をプライベート接続するサービスではありません。

DのNATゲートウェイは、プライベートサブネットからインターネットへ接続するためのNAT機能を提供するサービスで、AWSとオンプレミス環境間をプライベート接続するサービスではありません。

したがって、**B**が正解です。

**2** B

---

NATゲートウェイには、プライベートサブネットからインターネットへ接続するためのNAT機能を提供しているマネージドサービスで、AZ内で冗長化されています。

プライベートサブネットからインターネットへ接続するためには、インターネットへ接続できるパブリックサブネットに配置したNATゲートウェイへルーティングする必要があります。

一方、NATインスタンスは、EC2インスタンスをNATサーバーとして利用するもので、EC2の管理や高可用性の仕組みを検討する必要があります。

したがって、**B**が正解です。

# 3-3 コンピューティングにおける高可用性の実現

AWSの各種コンピューティングサービスでは、動作させるアプリケーションの特性に応じて適切な可用性を設計する必要があります。本節では、AWSにおけるコンピューティングサービスや複数のサービスを組み合わせた可用性の実現方法、障害発生時の挙動について説明します。

## 1 コンピューティングサービス

ここでは、EC2インスタンスの高可用化に貢献するコンピューティングサービスの詳細について説明します。

### ●Amazon Elastic Compute Cloud(EC2)

Amazon EC2インスタンスはオンプレミス環境と同様に、サーバーにクラスタリング ソフトウェアを導入して高可用性を実現することもできますが、AWSでは、Elastic Load Balancing(ELB)による負荷分散、Auto Scalingによる自動スケールアウト／スケールイン、Amazon Route 53によるDNSフェイルオーバーなど、マネージドサービスと組み合わせることで運用の負荷を減らし、障害発生時にも迅速に対応できるシステム設計を行うのが一般的です。

### ●Auto Scaling

Auto Scalingでは、複数のアベイラビリティーゾーン(AZ)を利用して、EC2インスタンスをスケールアウト／スケールインすることができます。

第1章でスケーリングプラン、起動設定、Auto Scalingグループについて説明しましたが、ここでは具体的にEC2インスタンスがどのように増減するのかを説明します。

#### ● スケールアウト

スケールアウトでは、スケーリングプランの設定値をトリガーにして、Auto

Scalingグループの設定値に従ってEC2インスタンスの数を増加させます。

　EC2インスタンスは、Auto Scalingグループで指定したサブネットで動作しますが、AZが複数ある場合はAZ間でEC2インスタンス数の均衡を保つように起動します。

　たとえば、AZ-Aに3台、AZ-Bに1台の場合、均衡を保つためにAZ-BでEC2インスタンスを起動します。

## ● スケールイン

　一方、複数のAZに分散したEC2インスタンスの**スケールイン**は、デフォルトで次に示す順序で実行されます。

① EC2インスタンス数が最も多いAZ内から、ランダムにAZを選択
② AZのインスタンス数が同じ場合は、最も古い起動設定を使用したEC2インスタンスのあるAZを選択
③ 最も古い起動設定を使用したEC2インスタンスが複数存在する場合は、次に課金が発生するまでの時間が最も短いEC2インスタンスを選択
④ さらに、課金が発生するまでの時間が最も短いEC2インスタンスが複数存在する場合は、そのなかからランダムにEC2インスタンスを選択

　スケールアウトとスケールインのいずれも、AZでEC2インスタンス数の均衡を保つように設計されているため、いずれかのAZに障害が発生しても、システムを継続することができます。

　しかし、単にAuto Scalingを設定するだけでは意図したとおりに動作しないこともあるため、クールダウンやライフサイクル フックといったオプションを設定しておくとよいでしょう。

## ● クールダウン

　**クールダウン**は、Auto Scalingが連続で実行されないようにAuto Scalingの待ち時間を設定する機能です。

　Auto Scalingでは、新しいEC2インスタンスを起動するまでに数分の時間を要しますが、たとえば、起動中に負荷が低減せずに次のAuto Scalingが実行されると、本来想定していたよりもEC2インスタンスの数が増えてしまうことがあります。そのような状況を防ぐために、数分のクールダウンを設定し、EC2

インスタンスが完全に起動するまでは次のAuto Scalingが実行されないように
します。

クールダウンには、Auto Scalingグループ全体へ適用するデフォルトのクー
ルダウンと、特定のスケーリングポリシーに適用するスケーリング固有のクー
ルダウンがあります。

### ● ライフサイクルフック

**ライフサイクルフック**では、Auto ScalingによるEC2インスタンスの起動また
は終了を一時的に待機させて、指定したアクションを実行することができます。

たとえば、終了時にログを外部へ出力したり、起動時に特定のデータをロー
ドする場合などに利用します。

【クールダウンのイメージ】

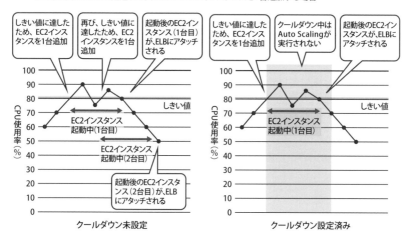

CPU使用率が80%を超過したら、Amazon EC2インスタンスを1台追加する場合

### ●Amazon CloudFront

Amazon CloudFrontは、エッジロケーションからコンテンツを配信する
CDN(Content Delivery Network)サービスです。

CloudFrontは、高可用性、高パフォーマンス、低レイテンシーなネットワーク
を備えており、CloudFront自体の可用性を考慮した設計を行う必要はありません。

世界中からアクセスされる大規模なWebサーバーや、予期できないアクセス
集中が発生し得るサービスを提供する際に利用されます。

詳細については、「4-2　ネットワークサービスにおけるパフォーマンス」を参照してください。

## ●AWS Lambda

AWS Lambdaは、サーバーを起動することなくコードが実行できるコンピューティングサービスです。

可用性やスケーリングはすべてLambdaで管理されており、実行した分だけ料金が発生します。処理時間に限りがあるため、時間を要するコードは実行できません。

詳細については、「1-4　コンピューティングサービス」を参照してください。

## 2　VPCリソースにおける高可用性コンピューティング

AWSでは、さまざまなサービスを組み合わせることで、より可用性の高いシステムを構築することができます。

たとえば、Auto Scalingなどを利用してEC2インスタンスを常に冗長構成にできるように準備しておけば、障害が突然発生してもシステムの稼働を維持することができます。

また、EC2インスタンスの障害以外に、システム負荷も考慮する必要があります。EC2インスタンスの負荷分散にElastic Load Balancing(ELB)を利用すると、バックエンドインスタンスの負荷を均一に分散できるため、特定のEC2インスタンスの高負荷が原因でシステムダウンするようなケースを避けることができます。

ELBとEC2を高可用性の観点から冗長化する場合は、いずれも複数のAZにリソースを配置することが重要です。

## ●Elastic Load Balancing(ELB)

Elastic Load Balancing(ELB)は、EC2インスタンスや特定のIPアドレスへのトラフィックを分散するロードバランシングサービスで、EC2の可用性を高めるためにも利用されます。

また、ロードバランサー自体も冗長化しなければ単一障害点となりますが、ELBは自動的にスケールしており、AWS内部で冗長構成になっています。

> 通常、Webアクセスを行う際には、WebサーバーまたはロードバランサーのIPアドレスを指定する必要がありますが、ELBを利用する場合はエンドポイントを指定してアクセスします。
> ELB自体もIPアドレスを保持していますが、不定期に変更されているため、接続の一貫性を保つためにエンドポイントによる名前解決でアクセスします。

　ここからは、VPCリソースにおける高可用性の実現方法を例をあげて説明します。

## ●一般的なWebアプリケーションにおける構成例

　近年は、Webアプリケーションにサーバーレスアーキテクチャが採用されるケースが増えていますが、実際にはまだ、Amazon EC2のような仮想サーバーなどで、アプリケーションを実行するケースも少なくありません。

　次の図に、**ELB**を使用して冗長化した簡単なWebアプリケーションの構成を示します。この例では、ELBおよびEC2インスタンスを**マルチAZ構成**にしているため、データセンターレベルでの障害発生時でも、システムの動作を継続できます。

## 【EC2を冗長化したWebアプリケーションの構成例】

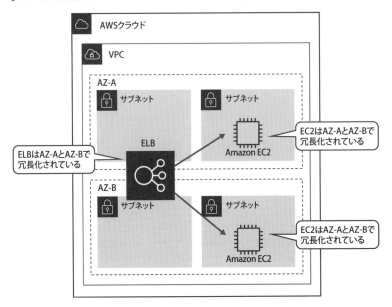

## 【AZ-Aが障害で利用できない場合】

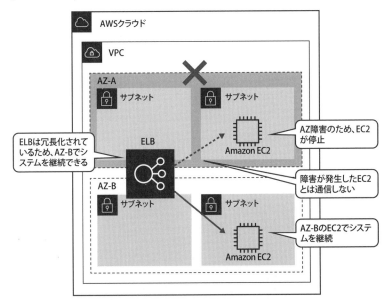

　以下では、**Auto Scaling**を利用してEC2インスタンスを自動で増減するWebアプリケーションの例を示します。この例では、Auto ScalingグループのEC2インスタンスの最小数を2台、最大数を4台としています。

【Auto Scalingを利用したWebアプリケーションの構成例】

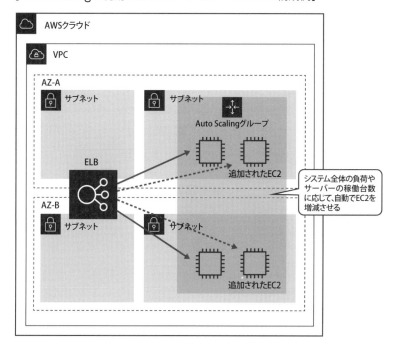

ELBやAuto Scalingを利用することで自動的にスケールすることは可能ですが、短時間でアクセスが急増すると、スケールアウトが間に合わずにシステムが過負荷な状態になる可能性があります。AWS CloudFrontなどを活用してキャッシュから応答することで、予期できないアクセス集中に対応できるアーキテクチャを考えることも重要です。

### ●一般的なWebアプリケーションのEC2インスタンス障害発生時の挙動

　Webアプリケーション構成でEC2インスタンスに障害が発生した場合、ELBからEC2インスタンスへのヘルスチェックがエラーになります。ELBは、ヘルスチェックが正常なEC2インスタンスにだけ通信を振り分けるため、ダウンし

たEC2インスタンスとの通信は行わないよう制御します。障害発生時にEC2イ
ンスタンスへの接続を行っていたユーザーは、セッションなどを失いますが、
システム自体は残りのEC2インスタンスで稼働し続けます。

【WebアプリケーションにおけるECインスタンス障害発生時の挙動】

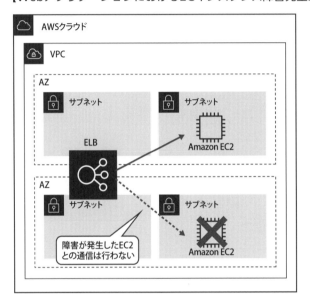

 このWebアプリケーションにおける障害発生時の挙動は、セッショ
ンの状態を保持し続けるステートフルなアプリケーションが稼働し
ている場合の例です。
AWSのベストプラクティスとしては、セッション情報を保持しない
ステートレスなアプリケーションが推奨されます。

## ●データベースを持つWebアプリケーションにおける構成例

AWSでは、Amazon RDSというデータベースサービスが提供されています。
次の図は、Amazon RDSの**マルチAZ機能**によるプライマリ・スタンバイ構
成の例です。RDSのプライマリ データベースに障害が発生した場合でも、すぐ
にスタンバイ データベースへフェイルオーバーすることでシステムの可用性を
高めることができます。

【Webデータベースアプリケーションの構成例（RDSを使用）】

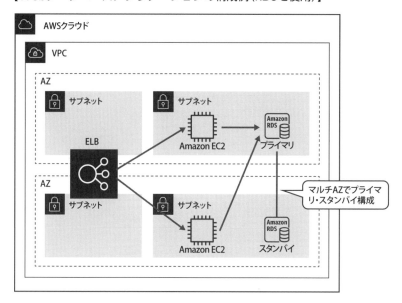

　次の例では、EC2インスタンス上にデータベースサーバーを構築し、サードパーティー製のクラスタリングソフトウェアで冗長化しています。

【Webデータベースアプリケーションの構成例（EC2を使用）】

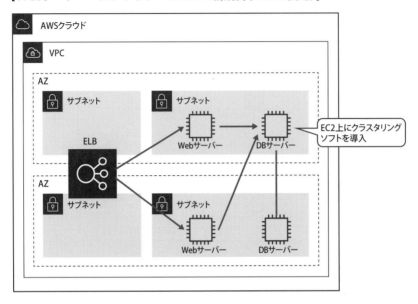

## ●RDSデータベースインスタンス障害発生時の挙動

Amazon RDSの障害は、シングルAZとマルチAZで挙動が変わり、また障害の発生パターンによって復旧方法が異なります。

### ● シングルAZのRDSに障害が発生した場合

RDSには、障害発生時に自動的に再起動する機能があります。そのため、ユーザー側で再起動のオペレーションは不要ですが、再起動の間はダウンタイムが発生します。

RDS内のデータについては、ユーザー側でデータを復元する必要があるため、ポイントインタイムリカバリ機能などを利用します。

### ● マルチAZのRDSに障害が発生した場合

プライマリのRDSデータベースインスタンスに障害が発生した場合、自動的にスタンバイへのフェイルオーバーを行います。

内部的な挙動としては、スタンバイのRDSデータベースインスタンスをプライマリに昇格させます。その際に、プライマリで利用していたDNSレコードがスタンバイのDNSレコードへ切り替わり、RDSのエンドポイントを変更するこ

となくシームレスにスタンバイに切り替わります。この一連の流れは、RDSが
自動的に行うため、ユーザー側でのオペレーションは不要です。

　データについては、プライマリとスタンバイとの間で常に同期されているた
め、リカバリの必要はありません。なお、フェイルオーバー中はわずかにダウ
ンタイムが発生します。

**【RDSのフェイルオーバーの動作イメージ】**

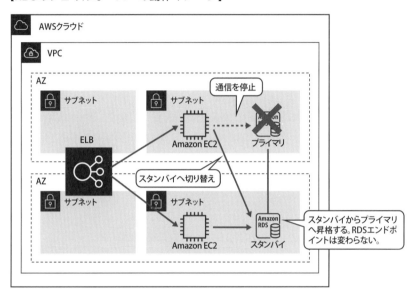

### ● データベース内のレコードが破損した場合

　RDSの障害以外に、アプリケーションのバグやオペレーションミスによるデー
タベース内レコードの破損も障害となります。そうしたケースでは、RDSの自
動再起動やフェイルオーバーでは復旧できないため、バックアップからリスト
アする必要があります。

　リストアする方法にはいくつかあります。次に示す方法はその一例です。

① 障害が発生したRDSのエンドポイント名を控えたあと、別のエンドポイン
　 ト名に変更する

② バックアップから変更前のエンドポイント名でリストアする（必要に応じて
　 ポイントインタイムリカバリを行う）

第3章 AWSにおける高可用アーキテクチャ

231

③ エンドポイント名を変更したRDSデータベースインスタンスを削除する

　これらの方法よりも早くシステムを復元するには、自動スナップショットからリストアします。この場合、RDSデータベースインスタンスの削除時に、自動バックアップの保持を行う必要があります。自動バックアップを保持しない場合は、削除時に自動スナップショットも一緒に削除されるため、リストアできなくなります。

## ●インメモリデータベースを持つWebアプリケーションにおける構成例

　次に、RDSを利用した構成からさらに疎結合な構成を検討してみましょう。

　Webのセッション情報や一時的なデータストアには、**Amazon ElastiCache**やAmazon DynamoDBを利用します。

　次の図で、ElastiCacheを利用した場合の構成を示します。ElastiCacheでは、インメモリデータベースとしてMemcachedとRedisが利用できます。Redisではプライマリ／レプリカ構成でマルチAZ配置が可能で、この構成により高可用性を実現しています。

　次の図はRedisの使用を前提とした構成を示しています。

【ElastiCacheを含めたWebアプリケーションの構成例】

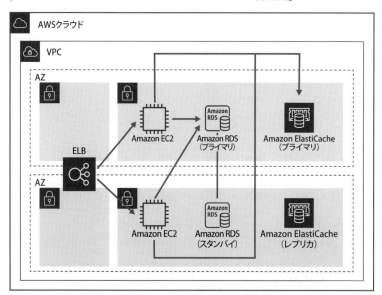

### ● マルチAZのElastiCacheに障害が発生した場合

プライマリのElastiCacheに障害が発生した場合は、自動的にレプリカへフェイルオーバーを行います。内部的な挙動としては、RDSと同様にレプリカのElastiCacheをプライマリに昇格させます。

なお、フェイルオーバー中はわずかにダウンタイムが発生します。

【ElastiCacheのフェイルオーバーの動作イメージ】

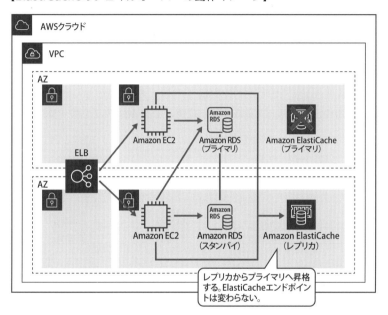

コンピューティングリソースの可用性を向上させるためには、複数のAZにリソースを冗長化することが重要です。
Amazon EC2の場合は、ELBやAuto Scalingと組み合わせることで自動スケーリングが可能になり、Amazon RDSの場合はマルチAZ配置にすることで自動切り替えが可能になります。

### ●サーバーレスWebアプリケーションにおける構成例

ここまでは、コンピューティングリソースとしてAmazon EC2を前提に説明してきましたが、EC2は可用性の考慮や運用管理をユーザー側で行う必要があります。そこで、サーバーレスアーキテクチャを採用することで、運用管理が

不要になり、より拡張性に優れた構成を実現できます。

　ユーザーは、アプリケーションをEC2で実行するのではなく、Amazon API GatewayとAWS Lambdaを組み合わせて実行することで、EC2の可用性を考慮する必要がなくなり、利用頻度に応じたコスト削減が可能になります。

　ただし、LambdaはEC2と異なり永続ストレージを持っていないため、データストアが必要な場合はAmazon DynamoDBやAmazon S3を利用したり、他のアプリケーションと連携する場合はAmazon SQSを使用する必要があります。

　次の図は、DynamoDBのデータベースをユーザに表示するWebアプリケーション構成例です。API GatewayやLambda、DynamoDBのいずれも、サーバーレスアーキテクチャのサービスを利用しているため、EC2のように複数のAZで冗長化することを考慮する必要がありません。

**【DynamoDBのデータベースをユーザーに表示するWebアプリケーション構成例】**

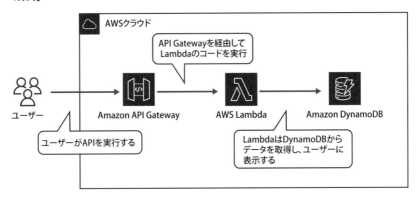

<table>
<tr><td>3</td><td>グローバルサービスにおける<br>高可用性コンピューティング</td></tr>
</table>

　ここからは、Amazon Route 53やAmazon CloudFrontなどの高可用性を実現するグローバルサービスを組み合わせた高可用システムについて考えてみます。

　これらのサービスは、特にグローバルに展開するシステムやDR(災害復旧)サイトをリージョン間で構成する場合に利用します。

## ●Route 53を利用したWebアプリケーションの構成例

Route 53のネームサーバーは、世界各地に点在するエッジロケーションに存在し、高可用な名前解決を提供します。

Route 53は、ELBやCloudFrontに対して、Zone ApexレコードをAレコードで指定することができるため、非常に効率のよいネットワーク環境を提供します。

グローバルネットワークを構成するうえで、Route 53を利用するシーンは多くあります。

### ● DNSフェイルオーバーの構成例

まず最初に、Route 53、ELB、Amazon S3を利用した構成例を示します。ELBを含むWebアプリケーション構成では、通常の名前解決はELBに対して行いますが、EC2インスタンスの障害時には、ELBのヘルスチェックがエラーになります。このような場合、**Route 53**の**DNSフェイルオーバー**機能を使用することで、DNSのレコードをELBからS3へ変更し、名前解決が適切に行われるようにします。

ELBをマルチAZ配置にすることで、アベイラビリティーゾーン(AZ)の障害に対する可用性が向上します。万一、リージョン障害が発生した場合は、S3にSorryページなどのソースファイルを用意しておけば、自動的にSorryページが表示されるようになります。

【DNSフェイルオーバーのイメージ】

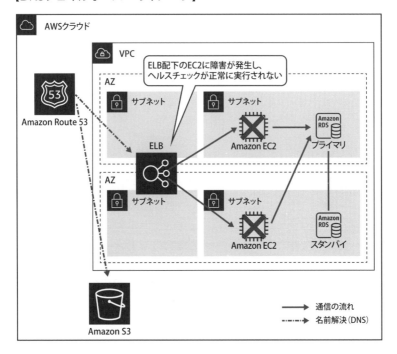

## ●Route 53によるマルチリージョンの構成例

　Route 53のネームサーバーはエッジロケーションに存在するため、リージョンを超えた可用性を実現することもできます。

　次の図は、同じVPC構成を複数のリージョンで作成した**マルチリージョン構成**の例です。

**【Route 53を利用したマルチリージョン構成における障害発生時の動作イメージ】**

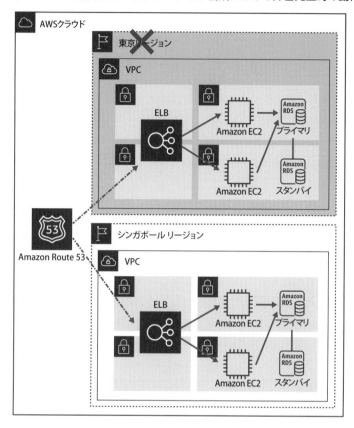

　図に示したマルチリージョン構成では、Route 53のDNSフェイルオーバー先を別リージョンに用意しておくことで、リージョン間フェイルオーバーが実現可能です。

　これは同じ環境を2カ所に用意するため運用コストが必要になりますが、リージョンレベルの障害やDRサイトとしてシステム稼働の継続性を高めることができます。

　また、可用性の観点以外にも、たとえば、Route 53のルーティングポリシーを設定することで、世界中からのアクセスを適切なサーバーに分散できるため、パフォーマンスを向上させることもできます。

　なお、Route 53はグローバルリソースであるため、複数のリージョンで共有して利用することができますが、ELBはVPC内のリソースであるため、リージョンごとに用意する必要があります。

## ●CloudFrontを利用したWebアプリケーションの構成例

これまでは、Webサービスのフロントエンドとして、ELBやAmazon EC2を使用していました。そこで、Route 53のような高可用なDNSを利用しつつ、突発的なアクセス集中によるシステムダウンや障害発生時のリカバリ作業自体を極力回避できるアーキテクチャの構成を考えてみます。ここでは、グローバルで高可用なエッジサービスであるCloudFrontを利用した構成を紹介します。

CloudFrontのエッジロケーションからエンドユーザーへWebサービスを配信することで、フロントエンドの高可用性を維持しつつ、バックエンドのELBやEC2の負荷や障害の影響を軽減することができます。この構成では、CloudFrontは次のように動作します。

① CloudFrontがリクエストを受け付け、CloudFrontにコンテンツがキャッシュされていればそのコンテンツを返し、なければバックエンドのオリジン（コンテンツ元のサーバーやサービス）へリクエストをルーティングする
② オリジンは複数登録でき、ルーティング先はパスパターンによって指定できる。たとえば、静的コンテンツ（例：jpg）ならAmazon S3、動的コンテンツ（例：mp4）ならELBにルーティングするように構成できる

【CloudFrontのイメージ】

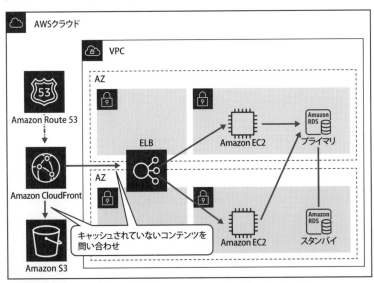

**試験対策**

図【CloudFrontのイメージ】で示したAmazon CloudFrontを利用した構成例では、複数のAWSサービスを組み合わせることで単一障害点を排除し、システム全体で高可用を実現しています。この構成におけるポイントは次のとおりです。
・Route 53のDNSによる名前解決
・CloudFrontのキャッシュサーバーと効率的なコンテンツ配信の仕組み
・ELBのマルチAZ配置
・EC2インスタンスおよびRDSデータベースインスタンスの冗長構成

第**3**章

AWSにおける高可用アーキテクチャ

239

1　あるアプリケーションは、1台のAmazon EC2と1台のAmazon RDSで構成されています。このアプリケーションの可用性を高め、かつ停止時間を短縮する構成は、次のうちどれですか。

A　EC2を別のAZに追加で構築する

B　EC2とRDSを別のAZに追加で構築する

C　EC2を別のAZに追加で構築し、RDSをマルチAZ配置にする

D　EC2をRDSとは別のAZで再構築する

2　動的コンテンツを扱う3層のWebアプリケーションは、東京リージョンでフロントにELB、アプリケーション実行にAmazon EC2、データストアにAmazon RDSを利用しています。EC2とRDSはいずれもマルチAZ構成で動いていますが、リージョン障害を危惧した経営陣から、シンガポールリージョンにDRサイトを構築するよう指示されました。通常は東京リージョンを使用しながら、大規模障害の発生時のみシンガポール リージョンへ自動切り替えできる適切なサービスの組み合わせは、次のうちどれですか。

A　東京リージョンのELBとシンガポールリージョンのELBに対し、Route 53の加重ルーティングを設定する

B　東京リージョンのELBとシンガポールリージョンのELBに対し、Route 53のフェイルオーバールーティングを設定する

C　東京リージョンとシンガポールリージョンにCloudFrontを構築し、オリジンにS3を設定する

D　東京リージョンとシンガポールリージョンにCloudFrontを構築し、それぞれのリージョンだけがアクセスできる地域制限を設定する

3　ある会社では、EC2インスタンスで実行されるAPIベースのアプリケーションが稼働しており、そのアプリケーションはAmazon DynamoDBにデータを保存しています。ソリューションアーキテクトは、ここ最近、アプリケーションが中断することを発見したため、

アーキテクチャの変更を検討しています。アプリケーションの可用性を向上させるためには、次のうちどの構成が適切ですか。

A アプリケーションをWebサイトホスティング機能を有効化したS3上で実行する

B EC2インスタンスの前にAPI Gatewayを配置し、API GatewayからEC2インスタンスのアプリケーションを実行する

C アプリケーションをAPI GatewayとLambdaに変更する

D DynamoDBをS3に変更する

# A 解答

## 1 C

Aは、EC2を別のAZに追加で構築することで、EC2を冗長化することはできますが、RDSが冗長化できていないため単一障害点となり、高可用性を実現する構成にはなりません。

Bは、EC2とRDSを別のAZに追加で構築することで、EC2とRDSを冗長化できますが、RDSが2台になり、1台に障害が発生した場合はエンドポイントの切り替え作業が発生するため、停止時間が長くなる可能性があります。

Cは、EC2を別のAZに追加で構築してRDSをマルチAZ配置にすることで、EC2とRDSを冗長化でき、RDSに障害が発生してもマルチAZにより自動で切り替えることができます。

Dは、EC2をRDSとは別のAZで再構築しても、どちらも単一障害点になることには変わりなく、高可用性を実現する構成にはなりません。

したがって、**C**が正解です。

## 2 B

Aは、Route 53の加重ルーティングを100:0のように設定することで、リージョンの接続先を指定することができますが、大規模障害の発生時には加重の変更が必要になります。

Bは、Route 53のフェイルオーバールーティングを設定することで、通常は東京リージョンに接続し、東京リージョン内のリソースのヘル

スチェックが停止した場合に、自動でシンガポールリージョンへ切り替えることができます。

Cは、CloudFrontのオリジンにS3を設定しても、動的コンテンツのWebアプリケーションを扱うことはできません。

Dは、CloudFrontの地域制限を設定すると、その地域内からしかシステムにアクセスできなくなるため、日本国内からシンガポールリージョンを利用することができなくなります。

したがって、**B**が正解です。

---

### 3 C

API GatewayとLambdaのサーバーレスアーキテクチャに変更することで、EC2より可用性を向上させることができます。

Aは、S3のWebサイトホスティングは静的コンテンツの提供を行っているため、APIアプリケーションの実行はできません。

Bは、API GatewayからEC2インスタンスのアプリケーションを実行したとしても、EC2で発生する可能性がある障害点を排除することはできません。

Cは、API GatewayとLambdaのサーバーレスアーキテクチャに変更することで、EC2より可用性を向上させることができます。

Dは、DynamoDBをS3に変更しても、EC2で発生する可能性がある障害点を排除することはできません。

したがって、**C**が正解です。

# 3-4 ストレージにおける高可用性の実現

AWSでは複数のストレージサービスが提供されており、データの特性やシステムの要件に応じたストレージサービスを選択することができます。
本節では、ストレージサービスにおける可用性の実現について説明します。

## 1 ストレージサービス

高可用性を実現するためのストレージサービスには、次のようなサービスがあります。

### ●Amazon Elastic Block Store（EBS）

Amazon EBSは、永続可能なブロックストレージサービスです。

EBSはアベイラビリティーゾーン（AZ）単位で作成され、AZ内で自動的に複製されるため、単一のディスク障害については考慮する必要がありません。ただし、AZ障害時にはデータが消失する可能性があるため、スナップショットを適宜バックアップとして取得するケースがよくあります。

### ●インスタンスストア（エフェメラルディスク）

インスタンスストアは、無料で利用できる高パフォーマンスなストレージサービスです。ただし、揮発性のディスクであるため、EC2インスタンス停止時にデータは消失してしまいます。高パフォーマンスのストレージに可用性を求める場合は、Amazon ElastiCacheを使うなど、別の手段を検討する必要があります。

### ●Amazon Elastic File System（EFS）

Amazon EFSは、スケーラブルな共有ストレージサービスです。

EFSは、自動で複数のAZで冗長化されるため、ユーザー側で可用性を考慮する必要がありませんが、EBSのようにスナップショットを取得することはできません。EFSのバックアップは、AWS Backupと連携して行います。

## ●Amazon FSx

Amazon FSxは、マネージド型のストレージサービスです。

マルチAZによる高可用性だけでなく、S3へのバックアップを行うことで、データの高耐久性も実現することができます。

## ●Amazon Simple Storage Service（S3）

Amazon S3は、高耐久・大容量のオブジェクトストレージサービスです。

S3は、デフォルトでは3カ所のAZで自動的に複製されるため、データの耐久性は高いものの、可用性の観点ではSLAが99.99％とされています。

## ●Amazon S3 Glacier

Amazon S3 Glacierはあくまでもアーカイブを目的としているため、データへアクセスするためには時間を要します。

データの取り出しには、次の図に示すオプションがあります。

【Glacierのデータ取り出しのオプション】

| オプション | 説　明 |
|---|---|
| 迅速（Expedited） | 1〜5分でアーカイブデータの取り出しが可能<br>通常は「オンデマンド」と呼ばれる、成功する保証がないタイプで実行される。「プロビジョニング」タイプでは、取り出しのリクエストはすぐに処理されるが、費用が高くなる。 |
| 標準（Standard） | 3〜5時間でアーカイブデータの取り出しが可能 |
| 大容量（Bulk） | 5〜12時間でアーカイブデータの取り出しが可能 |

## 2　コンピューティングサービスにおけるストレージの選択

AWSで、より可用性の高いシステムを構築するために、さまざまなストレージサービスを利用します。

以下、コンピューティングサービスで利用するストレージについて説明します。

## ●EBSとインスタンスストアの違い

Amazon EBSとインスタンスストアはどちらもAmazon EC2で利用できますが、アプリケーションやデータ特性に応じて適切に選択する必要があります。

次の表にそれぞれの特性の比較をまとめます。

【EBSとインスタンスストアの比較】

| | Amazon EBS | インスタンス ストア |
|---|---|---|
| 接　続 | EC2インスタンスとネットワーク接続 | ホストコンピュータのストレージを利用 |
| 利用方法 | ボリューム作成後にEC2にアタッチ | インスタンス起動時にEC2にアタッチ |
| データ永続性 | 永続化可能 | 永続化不可 |
| 耐久性 | 単一のAZ内で冗長化 | 冗長化なし |
| 拡張性 | ボリューム拡張可能 | ボリューム拡張不可 |
| パフォーマンス | 高速 | 非常に高速 |
| 料金体系 | ギガバイトあたりの従量課金 | 無料 |

【EBSとインスタンスストアのイメージ】

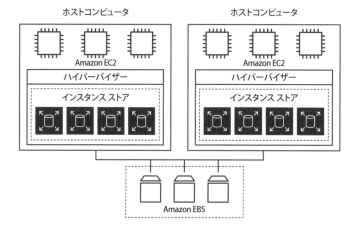

前表の【EBSとインスタンスストアの比較】に示したとおり、EC2インスタンスを利用する場合は、EBSを採用するケースが多くなります。

インスタンスストアはデータの永続化ができないため、可用性や耐久性が求められるストレージとしては不向きですが、ネットワーク接続型のEBSに比べて高いパフォーマンスを発揮できるため、高速処理が要求されるシステムで利用すると効果的です。

## ●EBSとインスタンスストアの利用手段

EBSとインスタンスストアは、どちらもOSのルート領域としても使用可能です。

EBSをOSのルート領域として利用したEC2インスタンスは**EBS-Backedインスタンス**、インスタンスストアをOSのルート領域として利用したEC2インスタンスは**Instance Store-Backedインスタンス**と呼ばれます。

このうちInstance Store-Backedインスタンスは、停止するとデータが消失してしまうため、インスタンスの停止ができません。

## ●S3をコンピューティングサービスとして利用

Amazon S3は非常に耐久性の高いオブジェクトストレージサービスですが、**静的コンテンツのWebサイトホスティング**という機能を使用することで、コンピューティングサービスとしても利用できます。

その利用手順も非常に簡単で、S3バケット内に必要なソースコードを配置し、静的コンテンツのWebサイトホスティングの機能を有効化するだけです。

Amazon EC2でWebサービスを提供するのに比べて、次のような利点があります。

・スケールする必要がなく、アクセス集中に強い
・運用に費やすコストを減らすことができる

ただし、あくまでも静的なコンテンツだけに利用できるサービスであるため、動的コンテンツを含むWebサービスでは利用できません。

## ●EBSとEFSの違い

EC2で利用できるストレージサービスとして、Amazon EBSのほかにAmazon EFSがあります。

EBSは原則1台のEC2インスタンスと接続してそのインスタンスでしか利用できませんが、EFSは複数のEC2インスタンスと接続して利用することができます。

## 【EBSとEFSのイメージ】

Amazon EBSのイメージ

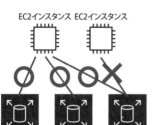

Amazon EFSのイメージ

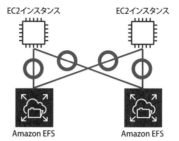

Amazon EFSは、Amazon EBSに比べてコストが高くなるものの、可用性や拡張性に優れています。
また、EFSはEBSでは不可能であった複数EC2インスタンスとの共有ディスクとして利用できるため、
データベースサーバーやファイルサーバーのストレージとして利用されています。

## ●EBSを複数のインスタンスで共有する方法

前述したとおり、EBSは原則1台のEC2インスタンスで利用しますが、マルチアタッチを使用することで複数のEC2インスタンスと共有することができます。

ただし、次のような制約があるため、可用性が要求される共有ストレージには、複数のAZで冗長化されているEFSを利用しましょう。(2022年12月時点)

・ 同じAZ内にあるNitroベースのEC2インスタンスであること
・ EBSのボリュームタイプがプロビジョンドIOPS（io1、io2）であること
・ マルチアタッチできるEC2インスタンスは最大16台まで

## ●EFSとFSxの違い

では、共有ストレージサービスとして利用されるFSxは、同じ共有ストレージサービスであるEFSと、どのような違いがあるのでしょうか。

どちらも複数のAmazon EC2と接続できますが、EFSはNFS（Network File System）で、FSx for WindowsはSMB（Server Message Block）でアクセスします。

いずれもマルチAZ配置が可能なため、可用性に大きな違いはありません。

第3章 AWSにおける高可用アーキテクチャ

## 【EBS、EFS、FSxの比較】

| | Amazon EBS | Amazon EFS | Amazon FSx for Windows |
|---|---|---|---|
| 接続 | EC2インスタンスとネットワーク接続 | EC2インスタンスとネットワーク接続 | EC2インスタンスとネットワーク接続 |
| 接続可能台数 | 原則1台のEC2インスタンス | 複数のEC2インスタンス | 複数のEC2インスタンス |
| 利用方法 | EC2にアタッチ | NFSプロトコルで接続 | SMBプロトコルで接続 |
| データ永続性 | 永続化可能 | 永続化可能 | 永続化可能 |
| 耐久性 | 単一のAZ内で冗長化 | 複数のAZで冗長化 | 複数のAZで冗長化（オプションで選択） |
| 拡張性 | 手動でボリューム拡張可能 | 自動でボリューム拡張可能 | 手動でボリューム拡張可能 |
| パフォーマンス | 高速<br>EBS最適化、プロビジョンドIOPSによる高速化が可能 | 高速<br>最大I/Oパフォーマンスモードによる高速化が可能 | 高速<br>スループットキャパシティレベルによる高速化が可能 |
| データ暗号化 | 任意で暗号化可能 | 任意で暗号化可能 | 自動で暗号化 |
| 月額ストレージ料金<br>［東京リージョン、2022年10月時点］ | 0.096USD/GB（gp2） | 0.36USD/GB（標準） | 0.276USD/GB（SSDマルチAZ） |

**試験対策**　Amazon EBS、Amazon EFS、Amazon FSxのそれぞれの違いを覚えておきましょう。特にEFSとFSxは利用するプロトコルで違うため、問題文ではどのプロトコルやOSで利用しているのかに注目することで、適切なストレージがわかるケースがよくあります。

## 3　各ストレージのバックアップ

　AWSには、信頼性を向上するためのサービスが多数用意されていますが、それぞれで障害が発生する可能性は否定できません。したがって、ユーザー側でデータをバックアップする仕組みを検討する必要があります。

　ここからは、各サービスにおけるバックアップ手法について説明します。

### ●EBSのバックアップとリストア

　Amazon EBSのバックアップには、AWSで標準提供されている**スナップショット**機能を使用します。

　通常、EBSはAZ内で自動的に複製されているため、単一のディスク障害が起

きてもユーザーは復旧作業を行う必要はありませんが、AZ障害時にはスナップショットから復旧する必要があります。

　EBSスナップショットは、バックエンドでAmazon S3を使用して保存されているため、非常に高い耐久性を備えています。また、バックアップデータは差分で取得されるため安価に利用できます。

　EBSスナップショットは、システムを停止せずにオンラインで取得することも可能ですが、データの整合性を求められるシステムではI/Oを停止してバックアップします。

　復旧時は、スナップショットからEBSボリュームを作成することになるため、ディスク作成が完了するまでは利用することができません。

　EBSスナップショットはリージョンごとに保管されていますが、EBSボリュームはリストア時にAZを指定する必要があるので、EBSボリュームを利用したいEC2インスタンスが配置されているサブネットのAZを、事前に確認しておきましょう。

　また、EBSスナップショットを別リージョンのDRサイトなどで利用する場合は、リージョン間でコピーする必要があります。

【EBSの復旧イメージ】

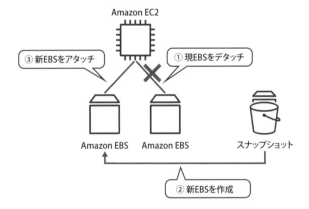

**試験対策**　EBSスナップショットには、取得開始時点のデータが保管されます。取得に際してEC2インスタンスを停止する必要はありませんが、取得開始から取得完了までの間に変更があった場合は、スナップショットに反映されません。

## ●EC2のバックアップとリストア

EC2インスタンスはEBSを使うことが多いため、EBSスナップショットを取ることでAmazon EC2のデータをバックアップできますが、ほとんどの場合はAMI(Amazon Machine Image)を使用してバックアップされています。

AMIの実体は、EBSスナップショットとEC2の構成情報を組み合わせたデータで、AMIからEC2を復元することで、マウントされたドライブの情報やアプリケーション構成などをそのまま再現できます。

AMIはリージョンごとに保管されているため、別リージョンでDRサイトを構築している場合は、リージョン間でAMIをコピーしておく必要があります。

【AMIによる復旧イメージ】

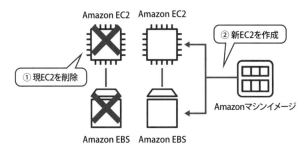

AMIは共有したり、公開することができます。
AWSが提供しているAMIを使用するのが一般的ですが、AWS Marketplaceにはベンダーからも多数のAMIが提供されています。

---

## 4　AWSへのデータ移行

## ●DataSyncによるAWSへのデータ移行

オンプレミス環境のファイルサーバーから、Amazon EFSやAmazon S3上のファイルシステムにデータを効率的に転送したい場合、AWS DataSyncを利用することで効率的なデータ移行を行うことができます。

DataSyncは、通常インターネットまたはAWS Direct Connect経由でデータ

転送しますが、帯域やデータ量がDirect Connectで許容できる場合は、Direct Connect経由で転送するケースがほとんどです。

　また、DataSyncはNFSやSMBなどのファイル共有プロトコルをサポートし、S3以外の移行先にも対応していることが大きなメリットです。

## ●SnowballによるAWSへのデータ移行

　大量データをオンプレミス環境からAWSへ移行する際に、ネットワーク経由で移行する場合は次のような課題があります。

・ 移行が完了するまでに時間を要する
・ 高額なデータ転送料が必要になる
・ Direct Connectの場合は稼働している他システムと帯域を共有しなければならない

　移行時間の制約やコスト最適化の観点で見ると、大量データの移行には**AWS Snowball**が適しています。

　AWSから配送されたSnowballの筐体に移行データを保存し、筐体をAWSへ返送すると、AWSが移行データをS3にコピーしてくれます。

　たとえば、移行のために使えるネットワーク帯域が限られていて、かつ1カ月以内にテラバイト級のデータを移行したいケースなどに有効です。

第**3**章

AWSにおける高可用アーキテクチャ

251

1　ある企業では、Windows共有ファイルストレージを必要とする大規模なサーバーをオンプレミス環境で運用しています。この企業は、このサーバーをAWSに移行したいと考えており、さまざまなストレージオプションを検討しています。ストレージは、高い可用性を備え、Active Directoryと統合できる必要があります。これらの要件を満たすストレージは次のうちどれですか。

A　Amazon EFSストレージを構築し、認証用にActive Directoryドメインを設定する

B　ファイルサーバー用とバックアップ用の2つのEBSを構築し、Active DirectoryをインストールしたEC2インスタンスにアタッチする

C　S3バケットを作成し、Active DirectoryをインストールしたEC2インスタンスにアタッチする

D　FSx for Windows File Serverを構築し、認証用にActive Directoryドメインを設定する

2　ソリューションアーキテクトは、オンプレミス環境のアプリケーションをAWSへ移行することを検討しています。アプリケーションは、数十ギガバイトから数百テラバイトまで、さまざまな出力ファイルを生成します。また、アプリケーションデータは、標準のファイルシステム構造に保存する必要があります。ソリューションアーキテクトは、容量が自動的に拡張され、可用性が高く、運用上のオーバーヘッドが最小限で済むソリューションを望んでいます。これらの要件を満たすソリューションは、次のうちどれですか。

A　アプリケーションをAmazon ECSに移行して、ストレージにAmazon S3を使用する

B　アプリケーションをAmazon ECSに移行して、ストレージにAmazon EBSを使用する

C　マルチAZに展開したAuto ScalingグループのAmazon EC2インスタンスにアプリケーションを移行し、ストレージにAmazon EFSを使用する

252

D　マルチAZに展開したAuto ScalingグループのAmazon EC2インスタンスにアプリケーションを移行し、ストレージにAmazon EBSを使用する

# A 解答

## 1 D

Aは、EFSは高可用性の共有ストレージとして利用できますが、標準でActive Directory認証機能を備えていません。

Bは、EBSは同一のAZで動作するため、同じEC2インスタンスで利用すると、AZ障害発生時には利用できなくなるため、高可用ストレージとしては適切ではありません。

Cは、S3は高可用性のストレージとして利用できますが、標準でEC2インスタンスにアタッチして運用することができません。

Dは、FSx for Windows File ServerはマルチAZに対応しているため高い可用性で運用することができ、Active Directoryとの連携が可能です。

したがって、**D**が正解です。

## 2 C

Aは、S3は実質容量に制限がなく高い可用性を備えていますが、標準のファイルシステムで利用することができません。

Bは、EBSは標準のファイルシステムを利用することができますが、自動拡張されず、AZ障害発生時には利用できなくなるため、高可用ストレージとしては適切ではありません。

Cは、EFSはNFSを利用して利用でき、かつ容量が自動で拡張され、マルチAZで動作することができます。

Dは、EBSは標準のファイルシステムを利用することができますが、自動拡張されず、AZ障害発生時には利用できなくなるので、高可用ストレージとしては適切ではありません。

したがって、**C**が正解です。

# データベースにおける
# 高可用性の実現

AWSでは、複数のマネージドデータベースサービスを提供しており、データの種別や用途に応じた適切なサービスを選択することができます。
本節では、データベースサービスにおける可用性の実現について説明します。

## 1 データベースサービスの可用性向上策

ここでは、各データベースで高可用性を実現するための方法について説明します。

### ●Amazon Relational Database Service（RDS）

**Amazon RDS**は、マネージドサービス型のリレーショナルデータベースサービスです。

RDSで高可用性を実現するには、マルチAZ配置が不可欠です。プライマリのRDSデータベースインスタンスに障害が発生した場合は、自動的にスタンバイへのフェイルオーバーを行いますが、RDSのエンドポイントを変更することなくシームレスにスタンバイに切り替えることができるため、バックアップからリストアする方法と比べてダウンタイムを大幅に減らすことができます。

DRサイトを構築する場合は、マルチAZでは対応できないため、クロスリージョンリードレプリカを作成するか、またはバックアップをリージョン間転送しておく必要があります。

クロスリージョンリードレプリカを作成しておけば、レプリカをプライマリに昇格させることで、障害発生の際には迅速に切り替えることができます。

**【RDSのマルチAZとクロスリージョンリードレプリカの動作イメージ】**

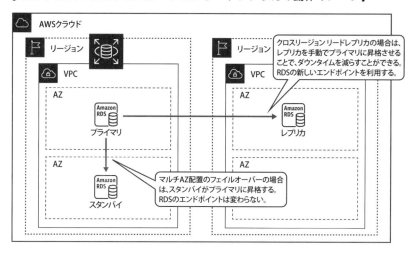

　バックアップから復元する場合は、通常のリストアを行うか、またはポイントインタイムリカバリで復元します。この場合、データベースインスタンスを最初から構築することになるため、マルチAZやクロスリージョンリードレプリカよりも復旧に時間を要しますが、コストは抑えることができます。

　詳細については、「1-6　データベースサービス」を参照してください。

**試験対策**　Amazon RDSの可用性を求められた場合は、マルチAZ配置になっていることを必ず確認しましょう。

255

Amazon RDSでは、マルチAZによるフェイルオーバーをより高速に行うことができるマルチAZ DB Clusterという機能が提供されるようになりました。

通常のマルチAZでは、スタンバイ側のインスタンスへの切り替え処理のためフェイルオーバー処理に時間を要していました。これに対してマルチAZ DB Clusterでは、あらかじめWriterとは別のAZにアクティブなReaderのインスタンスを配置し、フェイルオーバー時はReaderをWriterに素早く昇格させることで、フェイルオーバーの高速化を図っています。

詳細については以下のページを参照してください。

https://docs.aws.amazon.com/ja_jp/AmazonRDS/latest/UserGuide/multi-az-db-clusters-concepts.html

## ●Amazon DynamoDB

**Amazon DynamoDB**は、マネージド型のNoSQLデータベースサービスです。

データは標準で自動的に3カ所のAZに保存され、ストレージも必要に応じて自動拡張するため、非常に高可用なデータベースとして利用できます。

また、DynamoDBは、グローバルテーブルを使用することで、アプリケーションの可用性と高いパフォーマンスをグローバルで確保することができます。

ある特定のリージョンで障害が発生した場合でも、別リージョンのレプリカテーブルに対してデータを読み書きできるため、他リージョンで同じテーブルを利用できます。また、障害が発生したリージョンが復旧すると、テーブル間で保留していた伝播を再開します。

【DynamoDBの冗長性イメージ】

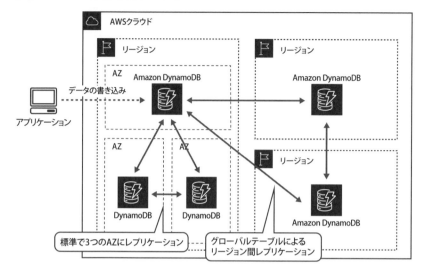

　DynamoDBでは、オンデマンドバックアップまたはポイントインタイムリカバリによるバックアップを実行することができます。

　通常では、オンデマンドバックアップは別のアカウントまたはリージョンにコピーすることはできないため、そうした操作が必要な場合は、AWS Backupと連携する必要があります。

### ● オンデマンドバックアップ

　テーブル全体をバックアップする方法です。バックアップ中のパフォーマンス低下やレプリケーション先への切り替えなどは発生しません。

### ● ポイントインタイムリカバリ

　テーブルを自動でバックアップする方法です。過去35日の任意の地点までデータを復元することができます。

試験対策

Amazon DynamoDBのグローバルテーブルを利用することで、リージョン間の可用性を高めることができますが、グローバルアプリケーションなどではパフォーマンス向上の側面もあるので、試験問題ではどのような要件が問われているのか見極めましょう。

## ●Amazon ElastiCache

Amazon ElastiCacheは、マネージド型のインメモリデータベースで、メモリ上で処理を実行するため、高スループットかつ低レイテンシーな処理を実現できます。

ElastiCacheのインメモリデータベースとして、MemcachedとRedisが使用できます。Redisではプライマリ／レプリカ構成のマルチAZ配置が可能で、この構成により高可用性を実現できます。

プライマリのElastiCacheに障害が発生した場合は、自動的にレプリカにフェイルオーバーを行いますが、Amazon RDSと同様に、わずかなダウンタイムが発生します。

## 演習問題

1 ある企業では、MySQLデータベースをオンプレミス環境からAWS
へ移行したいと考えています。最近、この企業はビジネスに大きな
影響を与えるデータベースの停止を経験しました。今後は同様の障
害が発生しないように、データの損失を最小限に抑え、障害発生時
に自動で切り替えを実行でき、少なくとも2カ所以上にデータを保
存できる信頼性の高いソリューションを検討しています。これらの
要件を満たすソリューションは、次のうちどれですか。

A 3つのアベイラビリティーゾーンにそれぞれRDSインスタンスを
構築し、レプリケーションする

B マルチAZ機能を有効化したRDSインスタンスを構築する

C RDSインスタンスからEC2インスタンスへデータをレプリケー
ションするAWS Lambda関数を作成する

D DynamoDBを構築し、MySQLから移行する

第 3 章
AWSにおける高可用アーキテクチャ

## 解答

1 B

- - - - - - - - - - - - - - - - - - - - - - - - - - - - - - - - - - - - - - - - - - - - -

Aは、レプリケーションされた3つのRDSインスタンスで高可用性を実
現することはできますが、それぞれ異なるエンドポイントを持つため、
切り替えを手動で行う必要があります。

Bは、マルチAZのRDSインスタンスでは2カ所以上でデータを保存でき、
障害発生時には自動でフェイルオーバーします。

Cは、EC2インスタンス上でデータベースを稼働した場合は、EC2イン
スタンスの運用管理が必要になり、また障害発生時の切り替えは手動
で行う必要があります。

Dは、DynamoDBはNoSQLのデータベースサービスであり、MySQLデー
タベースを扱うことはできません。

したがって、**B**が正解です。

## Column AWS主催の大規模カンファレンス

　AWSでは、世界中のユーザーが参加する「AWS re:Invent」と呼ばれる大規模な年次カンファレンスを、米国ラスベガスで開催しています。

　re:Inventでは新サービスや新機能、事例紹介、ハンズオンなど数多くのコンテンツが用意されており、会場には世界中から約6万人以上の関係者が集まります（2019年開催時）。

　筆者自身が2019年に実際に参加してみた感想ですが、単なるカンファレンス兼イベントというよりもお祭りに近い雰囲気で、参加者の圧倒的な熱量に大きな刺激を受けました。

　わざわざ米国まで行くことに疑問を抱く人も居るとは思いますが、さまざまな国の人々との交流や、日本では体験できないスケールのイベントに参加でき、AWSの凄さを身に染みて感じられます。また、ブースツアーやJapan Nightなどの日本人向けイベントも用意されており、現地で日本からの参加者と交流することもできます。

　re:Inventは、個人で申し込むほかに旅行会社のツアーでも参加でき、カンファレンス以外にもエンタテイメントや観光のオプショナルツアーを楽しむことができます。

　一方、国内では、AWS Summitと呼ばれるカンファレンスが毎年開催されています。過去には幕張メッセやグランフロント大阪など、大規模なイベント会場で開催されていました。規模は本家のre:Inventに及びませんが、多くのセッションやブースが用意され、AWS一色のイベントを楽しむことができます。

　AWS re:InventとAWS Summitのどちらにも共通していることですが、「認定者ラウンジ」というAWSの資格保有者だけが利用できる場所や施設が用意されています。このラウンジでは軽食や飲み物が提供されており、作業机やテーブルも用意されているため、会場を歩き回って疲れたらゆっくり休憩することができます。ソリューションアーキテクトに合格したら、立ち寄ってみてはいかがでしょうか。

AWS

Solutions Architect–Associate

# 第4章

# AWSにおける
# パフォーマンス

# AWSにおけるパフォーマンスの考え方

AWSでは、多くのサービスが提供される一方で、その組み合わせも多岐にわたります。それらのサービスから用途に合ったサービスや機能を選択し組み合わせることで、費用対効果に優れたシステムを構築することができます。

本節では、AWS上でパフォーマンス効率の良いシステムを構築する際の設計原則について説明します。

## 1 AWSにおけるパフォーマンス効率の設計原則

AWSでは、第1章でその概要を説明したサービス以外にも、数多くのサービスが提供されています。それらのサービスやサービス内で提供される機能は、市場に投入されてから今日まで、多様なユーザーの要件に応えるために開発・改善され続けています。

ユーザーは、各種のサービスや機能を適切に組み合わせることで、要件を満たすシステムを容易に構築できるだけでなく、オンプレミス環境よりも低コストで高パフォーマンスのシステムを構築することもできます。

AWSには、クラウド上でパフォーマンス効率を高めるための、次のような設計原則があります。

### ●最新技術の導入

従来は、新しい技術を取り入れたくてもスキル不足のために導入を諦めざるを得ないことがありました。現在では、専門知識を備えたクラウド事業者に導入やデプロイを任せることで、新技術を簡単に取り入れてクラウドをより有効に活用することができます。

### ●グローバルな環境

AWSクラウドでは、世界中のリージョンにシステムを構築することができます。このため、どの地域のユーザーにも、低コストで低レイテンシーのサービスを提供することができます。

## ●サーバーレスアーキテクチャの使用

AWSでは**サーバーレスアーキテクチャ**を利用することができます。

オンプレミスのような非クラウドの環境では、インフラストラクチャを用意し、プログラムを処理するためのサーバーを導入・構築する必要がありました。

サーバーレスアーキテクチャでは、サーバーをユーザー側で調達する必要がありません。ユーザーはコードをデプロイするだけで、それを呼び出すイベントによってプログラムを実行できます。

サーバーレスアーキテクチャを活用することにより、ユーザーは本来のアプリケーション開発に集中でき、開発コストを抑えることができます。また、サーバーの運用コストも削減できます。

## ●比較テストの実施

オンプレミス環境では、システム構築時にプロビジョニングを実施し、システムを設計して必要なリソースを調達してからでなければ、パフォーマンスを把握することができませんでした。

AWSでは、システム構築時にインスタンス、メモリ、ストレージなどのリソースを選択しますが、システム運用の段階でもこれらのリソースを変更できます。こうした柔軟性のある運用の特徴によって、異なるタイプのリソースを選択してパフォーマンスを比較することが容易になります。

## ●適切な技術の利用

AWSは、常に新しい機能やサービスをリリースし続けています。そのため、システムの要件を満たすサービスが複数存在し、選択肢が多岐にわたる場合もあります。ユーザーは、それらのなかから、実現しようとしているシステムの要件に適合する最適な技術を使用する必要があります。

次節からは、最適な技術を適切に選択するために、パフォーマンス効率の高いシステムの構築に利用できるサービスや、システム構築時の考え方について説明します。

**Q** 演習問題

1 次の選択肢のうち、パフォーマンス効率の設計原則に含まれない説明はどれですか（1つ選択）。

    A    東京リージョンにあるアプリケーションをオレゴンリージョンに展開する

    B    アプリケーションをServerless Frameworkを使用してデプロイする

    C    AWSでの新システムの構築をクラウド事業者に依頼する

    D    マネージドサービスを利用する

**A** 解答

1 D

パフォーマンス効率の設計原則の知識を問う問題です。
D以外はパフォーマンス効率の設計原則に含まれる内容です。**D**はコスト最適化の設計原則に含まれる内容になります。

## 4-2　ネットワークサービスにおける　　パフォーマンス

AWSでは、世界中に展開されたリソースを上手に活用することで、多くのユーザーに高パフォーマンスのネットワークサービスを提供することができます。
本節では、パフォーマンスの観点から見たネットワークサービスについて説明します。

### 1　ネットワークにおけるパフォーマンスの考え方

　AWSは、全世界に設置されたデータセンターにリソースが配備されているため、グローバルでサービスを利用できることが大きな利点です。しかし、グローバルで利用できるからこそ注意すべきこともあります。それは、サービスを提供するサーバーの設置拠点とユーザーの場所が地理的に離れている場合に、レイテンシーが発生してしまうということです。たとえば、北米のリージョンからログインして東京リージョンのサービスにアクセスすると、大きなレイテンシーが発生することがあります。

　また、全世界のユーザーに動画やモバイルアプリケーションなどのコンテンツを配信するサービスにおいて、ユーザーがサービス拠点と地理的に離れたリージョンにアクセスするのでは、常にレイテンシーが発生して実利用に耐えられないでしょう。
　そのような問題を解決するために、AWSにはユーザーに最も近い場所からコンテンツを配信する仕組みや、コンテンツをキャッシュする仕組みが用意されています。
　次項から、ネットワークレイテンシーの低減に有用なサービスについて説明します。

第4章　AWSにおけるパフォーマンス

## 2 Amazon CloudFront

AWSではCloudFrontというCDNサービスが提供されています。**CDN (Content Delivery Network)**とは、その名のとおりコンテンツを配信するネットワークです。

CDNと呼ばれる技術が最初に登場したのは1990年代ですが、当時のCDNは、動画ファイルや画像データなどをダウンロードするだけの技術でした。しかし現在では、動画のストリーミング配信や、従来とは比較にならないほどの大容量のコンテンツを高速で配信できるなど、技術とともに機能性が格段に進化しています。

AWSのCDNサービスは配信拠点が世界中に散在しており、ユーザーがCDNにアクセスすると、グローバルに存在する拠点のうち、ユーザーがアクセスした場所に最も近い拠点からコンテンツが配信されます。

現在のAmazon CloudFrontのコンテンツ配信拠点（接続ポイント）は、世界48カ国90都市で410カ所を超えています（2022年12月時点）。接続ポイントは、400を超えるエッジロケーションと13のリージョン別エッジキャッシュで構成されています。

【CloudFrontの接続ポイント】

| 接続ポイント | 説　明 |
| --- | --- |
| エッジロケーション | コンテンツをキャッシュして保持できるサーバー。Amazon CloudFrontの利用時に、コンテンツがキャッシュされている場合は、このサーバーから配信される。 |
| リージョン別エッジキャッシュ | エッジロケーションよりも大容量のデータをキャッシュできるサーバー。エッジロケーションにコンテンツがキャッシュされていない場合は、オリジンサーバーの前に、このサーバーから配信される。 |

【CloudFrontのイメージ】

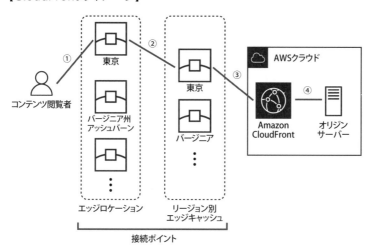

CloudFrontを使用したCDNで、ユーザー（閲覧者）がコンテンツにアクセスした場合の基本的な処理は次のとおりです。

① 閲覧者がコンテンツにアクセスすると、閲覧者から最も近いエッジロケーションに接続される。エッジロケーションに該当コンテンツのデータがキャッシュされている場合は、そのデータを返す

② エッジロケーションにデータがキャッシュされていない場合は、リージョン別エッジキャッシュに取得しにいく。リージョン別エッジキャッシュに該当コンテンツのデータがキャッシュされている場合は、そのデータを返す

③ リージョン別エッジキャッシュにデータがキャッシュされていない場合は、CloudFrontにデータを取得しにいく

④ CloudFrontは、コンテンツの元データが格納されているオリジンサーバーからデータを取得して返す

Amazon CloudFrontにはエッジロケーションとリージョン別エッジキャッシュという接続ポイントが存在しますが、CloudFrontを利用したシステム構成図やイメージ図を記載する際は、接続ポイントを記載しないことが一般的です。
本書でも、これ以降の説明でCloudFrontの図を記載する場合は、接続ポイントを省略しています。

第4章　AWSにおけるパフォーマンス

## ●CloudFrontのコンテンツ

CloudFrontが配信するのは、主に静的コンテンツと動的コンテンツです。

HTMLや画像など、リクエストに影響されずに同じ結果になるコンテンツを**静的コンテンツ**といいます。CloudFrontを利用して静的コンテンツを配信する場合は、一般的にAmazon S3と組み合わせます。

S3に格納されたオブジェクトをCloudFront経由でユーザーに配信する場合の構成例を次の図に示します。

【静的コンテンツを配信するCDNの構成例】

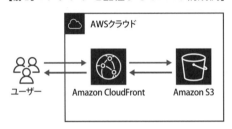

　**動的コンテンツ**は、リクエストに応じて動的に生成されるコンテンツを指します。動的コンテンツは、主にコンピューティングサービス（Amazon EC2など）を利用して生成されるため、CloudFrontからロードバランシングサービスのElastic Load Balancing（ELB）を経由して、コンピューティングサービスにアクセスします。

EC2を利用する場合の構成例を次の図に示します。

【動的コンテンツを配信するCDNの構成例】

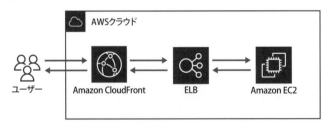

## ●CloudFrontで配信するコンテンツの保護

CloudFrontでは、配信するコンテンツを保護するための対策として、次のような方法があります。

・HTTPS接続
・特定のユーザーや特定地域のユーザーだけがコンテンツを閲覧できるようにするアクセス制限
・通信中のデータを暗号化するためのフィールドレベル暗号化

**フィールドレベル暗号化**は、個人情報に関わるような機密性の高いデータのセキュリティを確保するため、CloudFrontに追加された機能です。

通信データのうち、特に機密性の高い一部情報(フィールド)にユーザー自身が固有の暗号化鍵を設定し、その鍵を使ってデータを暗号化します。このフィールド固有の暗号化鍵を使うと、リクエストがオリジンサーバーに転送される前に、HTTPS通信でデータがさらに暗号化され、機密データのセキュリティをより高めることができます。

## ●CloudFrontでのHTTPS接続

CloudFrontでカスタムドメイン名を使用してHTTPS接続を必須にする場合、設定するSSL/TLS証明書がAWS Certificate Manager(ACM)で管理されている必要があります。

ACMで管理される証明書は、ACMが提供する証明書か、またはACMにインポートされたサードパーティー製の証明書のいずれかになります。

**試験対策** Amazon CloudFrontにおけるHTTPS接続時の証明書管理方法について覚えておきましょう。

## ●S3コンテンツへのアクセスを制限した配信

Amazon S3とCloudFrontで静的コンテンツを構築する場合の最も簡単な方法は、オリジンサーバーであるS3バケットへのアクセス設定をパブリック(公開)にすることです。これにより、オリジンサーバーへの直接的なアクセスを許可することになり、S3バケットに格納されたコンテンツを配信できるようにな

第**4**章 AWSにおけるパフォーマンス

ります。

　しかし、プライベートコンテンツの配信など、S3バケットへの直接的なアクセスを許可したくないケースもあります。このような場合は、**オリジンアクセスアイデンティティ（OAI）** という機能を使用します。OAIを使用することで、CloudFrontのみにS3バケットへのアクセスを許可してコンテンツを取得できるようにし、ユーザーにはCloudFrontにだけアクセスを許可するといった構成にできます。

**試験対策** オリジンアクセスアイデンティティ（OAI）を使用したAmazon S3バケットへのアクセス制限方法を覚えておきましょう。

---

### 3　Lambda@Edge

　**Lambda@Edge** はAmazon CloudFrontの機能の1つで、**CloudFrontのエッジロケーション上でLambdaのプログラムを実行するサービス** です。

　CloudFrontのCDNによって生成されたイベントをトリガーとして、対応するLambdaのプログラムが実行されます。Lambda関数はユーザーに近いロケーションで実行されるため、通常のLambdaを上回るパフォーマンスと待ち時間の短縮化を実現します。

【Lambda@Edgeを利用して動的コンテンツを配信するCDNの構成例】

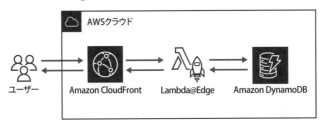

## 4 Amazon Route 53

AWSには、**Amazon Route 53**というDNSサービスが用意されています。DNS(Domain Name System)は、ドメイン名とIPアドレスを紐付けることで名前解決を行うシステムです。

複数のリージョンにAmazon EC2などのコンピューティングサービスが配置されている前提で、パフォーマンスの向上を目的としてRoute 53を利用する場合、レイテンシーが低いリージョンからリクエストを処理する**レイテンシーベースルーティング**という機能を利用します。

たとえば、米国北部とシンガポールにロードバランサーも含めたAWSサービスが配備されており、東京にいるユーザーがWebサービスにアクセスしたときに、米国北部の方が低レイテンシーで処理できる場合は、地理的に近いシンガポールではなく、米国北部に接続されます。

第4章 AWSにおけるパフォーマンス

# Q 演習問題

**1** ある企業がコンシューマー向けのアプリケーションをAWSで開発しており、アプリケーションはAmazon EC2とパブリックサブネット上のELBで構成されています。また、アプリケーションは現在、東京リージョンのみで提供されていますが、近々複数の国での提供開始が予定されています。同社はパフォーマンスとセキュリティを低下させることなく、コストを最小に抑える構成に変更したいと考えています。この要件を満たす構成は、次のうちどれですか。

A  アプリケーションをAmazon S3に移行し、パブリック公開する

B  東京リージョンのEC2とELBを展開先リージョンでも構築し、Amazon Route 53でルーティングする

C  EC2をAmazon ECSに移行し、Auto Scalingでスケールするように設定する

D  EC2とELBをオリジンサーバーとして、Amazon CloudForntを使用する

**2** ある企業では静的コンテンツを配信するWebアプリを運営しており、オリジンにAmazon S3が設定されたAmazon CloudFrontで複数のリージョンに配信されています。同社ではコンテンツの拡充計画があり、それに合わせて、アクセスするユーザーの地域によって表示するコンテンツを変えられるようにしたいと考えています。これをWebアプリを大きく改修することなく実現するには、次の方法のうちどれが最適ですか。

A  リージョンごとにS3と静的コンテンツを準備して、CloudFrontのオリジンとして設定する

B  アクセス元の地域によって表示コンテンツを変更するように、アプリケーションを改修する

C  CloudFrontにLambda@Edgeを設定する

D  CloudFrontで地域ごとのコンテンツを表示するように、リダイレクトを設定する

解答

**1** D

Amazon CloudFrontについての知識を問う問題です。

「パフォーマンスとセキュリティを低下させることなく」と要件にあるため、AとCは適切ではありません。また、「コストを最小に抑えたい」とあるので、Bの構成ではコストが増加するため不正解です。それらすべての要件を満たす構成はDのため、**D**が正解です。

**2** C

Amazon CloudFrontのLambda@Edgeについての知識を問う問題です。
アクセスするユーザーの地域によってコンテンツを変更するためには、**C**のLambda@Edgeが適切な選択になります。AとBはアプリケーションの改修または追加が必要になるため、不正解です。また、Dも要件を満たせないため不正解です。

第**4**章

AWSにおけるパフォーマンス

273

# コンピューティングサービスにおけるパフォーマンス

AWSでは、適切なインスタンスタイプを選択することで、要求に合ったパフォーマンスを実現することができます。
本節では、パフォーマンスの観点から見たコンピューティングサービスの利用方法について説明します。

## 1 プレイスメントグループ

プレイスメントグループとは、Amazon EC2インスタンスを論理的にグループ化したものです。

EC2インスタンスを同一リージョン内に複数作成した場合、異なるアベイラビリティーゾーン（AZ）にEC2インスタンスを配置することで、可用性と高速通信を同時に実現できますが、プレイスメントグループを利用すると、そのグループ化したEC2インスタンス間での通信が、通常のEC2インスタンス間通信よりもさらに高速化されます。そのため、複数のコンピューティングリソースを一体化して機能させる**クラスターコンピューティング**を実装するような用途に最適です。

プレイスメントグループには次のような種類があります。

### ●クラスタープレイスメントグループ

**クラスタープレイスメントグループ**は、単一のAZ内のEC2インスタンスを論理的にグループ化していますが、**すべて同じラック**に格納されます。

同一ラックに格納することによって、このラック内に配置されたEC2インスタンス間の通信を高速に行うことができます。

したがって、プレイスメントグループは、低レイテンシーかつ高スループットなネットワークが求められるアプリケーションの用途に適しています。

### ●パーティションプレイスメントグループ

**パーティションプレイスメントグループ**は、EC2インスタンスの各グループ

を「**パーティション**」と呼ばれる論理的なセグメントで分けたものです。**パーティ
ションの単位でラックが分かれており**、各ラックはネットワークと電源をそれ
ぞれ独自に備えています。

そのため、1つのラックでハードウェア障害が発生した場合でも、他のハード
ウェアは動作を継続することができ、ハードウェア障害によるシステムの停止
時間を短縮することができます。

また、パーティションプレイスメントグループは分散処理環境をデプロイで
きるため、EC2を利用したHadoopなどの大規模な分散ワークロード処理が実現
できます。

## ●スプレッドプレイスメントグループ

**スプレッドプレイスメントグループ**では、EC2インスタンスが**それぞれ個別
にネットワークと電源を備えたラック**に配置されます。

このプレイスメントグループは、離れたAZにも配置することができるため、
EC2インスタンスが配置されているラックの1つに障害が発生した場合でも、シ
ステム全体が障害の影響を受けるリスクを軽減できます。

3つのプレイスメントグループの違いは、次の図に示すとおりです。

【各プレイスメントグループの違い】

| 種　類 | EC2インスタンスを配置するラック | 特　徴 |
| --- | --- | --- |
| クラスタープレイスメントグループ | 同じラックに配置 | 低レイテンシーかつ高スループットなネットワークが求められるアプリケーションに適している |
| パーティションプレイスメントグループ | パーティション単位で異なるラックに配置 | 分散処理に適している |
| スプレッドプレイスメントグループ | すべてのEC2インスタンスを異なるラックに配置 | 障害発生時の影響を低減したいシステムに適している |

プレイスメントの日本語訳は「配置」です。プレイスメントグルー
プは、Amazon EC2インスタンスを配置するグループと考えると覚
えやすいでしょう。

第**4**章 AWSにおけるパフォーマンス

# 2 EBS最適化インスタンス

Amazon EBSのパフォーマンスは、そのボリュームタイプによって異なります。EBSのデータを利用するAmazon EC2インスタンス側で、適切なインスタンスタイプを選択することで、そのEBSのパフォーマンスを最大に発揮できるようになります。

また、パフォーマンスを発揮するには、EC2インスタンスとEBSの間の通信も考慮する必要があります。EC2とEBSはネットワーク経由で通信していますが、**EBS最適化**することで、EC2とEBS間の通信専用帯域を確保でき、安定した最適なパフォーマンスを実現できます。

EBS最適化はインスタンスタイプによって、「デフォルトで有効」「デフォルトでは無効だが手動で有効化が可能」「デフォルトでも手動でも有効化不可」の3種類に分けられます。EBSが最適化されていない場合は、ほかのネットワークとの通信が共有され通信速度が低下するので注意しましょう。

## 【EBS最適化インスタンスの通信イメージ】

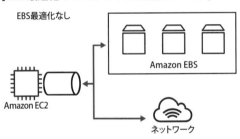

EBS最適化なし

Amazon EBS

Amazon EC2

ネットワーク

EBS最適化インスタンス以外の場合は、
・EC2 ⇔ EBS間の通信
・EC2 ⇔ その他の通信
が、同じネットワーク帯域内で行われるため、その他のトラフィックが大量にあると通信速度が低下する

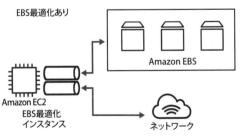

EBS最適化あり

Amazon EBS

Amazon EC2
EBS最適化
インスタンス

ネットワーク

EBS最適化インスタンスの場合は、
・EC2 ⇔ EBS間の通信
が、確保された専用のネットワーク帯域で行われるため、ほかのトラフィックの影響を受けない

EBS最適化インスタンスを利用する場合は、構築するインスタンスタイプがEBS最適化をサポートしているかどうかを確認しておきましょう。EBS最適化インスタンスの詳細については、以下のWebページを参照してください。
https://docs.aws.amazon.com/ja_jp/AWSEC2/latest/UserGuide/ebs-optimized.html

## 3　Auto Scalingによる最適化の実現

　オンプレミス環境のシステム運用に携わるサーバー管理者のなかでも、クラウドネイティブではない管理者は、「サーバーの台数は固定で運用したい。運用中はサーバー台数をあまり増減したくない」と考えるでしょう。

　従来のオンプレミス環境では、ワークロードに関係なく仮想マシンを常時起動したままシステムが運用されていました(次の図を参照)。

**【従来のサーバー使用状況・サーバーリソース稼働状況のイメージ】**

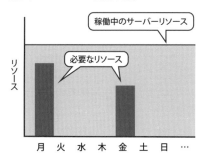

サーバーの使用頻度は高くないが、常に起動したままの状態にある。ピーク時の消費リソースを予測し、その予測値以上のリソースでサーバーを稼働させている。

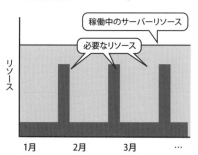

処理が集中する毎月末に負荷が高くなり、それ以外の期間はほとんど使用されないことを把握していても、ピーク時の消費リソースを予測し、その予測値以上のリソースでサーバーを稼働させている。

　これに対してクラウド環境では、「従量課金制＋オンデマンド」でリソースを利用することが基本になります。「負荷に応じて必要な分だけ仮想マシンを起動する」ことが望ましく、コスト効率よく運用するには、そうしたマインドチェンジが必要です。

AWSでは、**Auto Scaling**を活用することで、サーバーリソースに対する負荷の変化に適切に対応することができます。

サーバーリソースなどをモニタリングするサービスである**Amazon CloudWatch**とAuto Scalingを組み合わせることで、システムのパフォーマンスを維持しつつ利用コストを抑えたシステムを構築し運用できます。

たとえば、CloudWatchの監視項目であるCPU使用率の特定メトリクスにしきい値を設定し、そのしきい値を超えたこと（アラート）をトリガーとしてAuto Scalingを起動し、スケールアウト／スケールインを実施するといった使い方です。

【Auto Scalingによるサーバーリソースの最適管理】

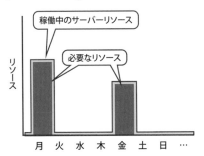

サーバーは使用するときに稼働し、使用しないときは停止する。サーバーの使用状況に応じて、リソースが拡張・縮小する。

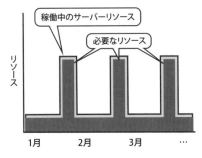

想定されるピーク値が事前に把握できていれば、ピーク時の処理量に合わせてリソースを拡張する。ピークが過ぎれば、リソースも縮小する。

**試験対策** Amazon CloudWatchとAuto Scalingを利用すると、パフォーマンスを効率的に管理できることを覚えておきましょう。

## 4 Lambdaのレイテンシー対策

AWS Lambdaはアプリケーションコードをコンテナ上で実行しますが、コードのデプロイ後に初回実行されるまでは、実行環境のコンテナが起動していません。Lambda関数はコンテナ起動後に実行されるため、処理開始までにレイテンシーが発生します。

一度起動したコンテナは一定時間その状態が維持されるため、この間であれ

ばLambda関数は低レイテンシーで実行できます。一定時間が経過すると、コンテナは停止します。この状態でLambda関数を実行すると、コンテナが再起動する時間が必要になるため、再び処理を開始するまでのレイテンシーが発生します。

また、Lambda関数はVPCに配置することができますが、VPCエンドポイントでElastic Network Interface(ENI)を確立する必要があるため、VPC外にLambda関数を配置する場合と比較するとレイテンシーが大きくなります。

従来からレイテンシーの低減策として、CloudWatch Eventsなどを用いて定期的にLambda関数を実行し、ホットスタンバイの状態を維持する方法が利用されていました。しかし、この方法はスケールアップの場合や別のアベイラビリティーゾーン(AZ)で関数が実行された場合などには対応しておらず、完全な対策ではありませんでした。

現在では、Lambdaに追加された「プロビジョニングされた同時実行の設定」を利用して対応することができます。この機能では、Provisioned Concurrency(同時実行数)を設定すると、設定した数だけコンテナがウォームスタンバイの状態を維持し続けるため、低レイテンシーな処理が可能になります。

ただし、Provisioned Concurrencyの設定を有効にすると、そのウォームスタンバイの時間分だけ使用料金が課されるため、速度とコストを加味して対策を決定する必要があります。また、Lambda関数の$LATESTバージョンでは使えないなどの制約もあるため、設定する際には注意が必要です。

AWS Lambdaのレイテンシー対策として、re:Invent 2022でSnapStart機能が発表されました。これは簡単にいえば、事前にLambda関数の実行環境をスナップショットで保持しておくことで、起動に要する時間を短縮できるという機能です。試験には出題されませんが、実際にLambdaを使用する場合は覚えておくとよいでしょう。
Lambda SnapStartについては、以下のWebページを参照してください。
https://aws.amazon.com/jp/blogs/news/new-accelerate-your-lambda-functions-with-lambda-snapstart/

1　ある企業では、複数のAmazon EC2上でアプリケーションが稼働しており、アプリケーションの仕様でEC2間の通信が大量に発生しています。また、アプリケーションはEC2内のファイルの読み書きを頻繁に行っています。あるときシステム担当者は、アプリケーションの処理時間がいつもより遅いことに気が付きました。原因を調べたところ、ファイルを読み書きする処理に想定よりも時間がかかっているようです。最小限の作業でこの問題を解決するためにシステム担当者が採るべき方法は、次のうちどれですか。

    A　EC2間の通信量が減少するようにアプリケーションを改修する

    B　EC2を追加で構築し、ELBで負荷分散する

    C　EC2インスタンスのEBS最適化を有効にする

    D　ファイルの格納先をAmazon EFSに変更する

2　システム担当者は、Amazon EC2インスタンスで稼働しているアプリケーションの負荷分散を行うために、Auto Scalingの導入を検討しています。その際は、CPU使用率を判断材料としてスケーリングを実施したいと考えています。EC2インスタンスのサーバーリソースをモニタリングするサービスとして、適切なサービスを1つ選びなさい。

    A　Amazon CloudFront

    B　Amazon EventBridge

    C　AWS CloudTrail

    D　Amazon CloudWatch

3　ある企業では、社内向けのアプリケーションを、Amazon EC2とAmazon RDSで実装しています。最近は、アプリケーションの利用者（ユーザー）が増加してきたため、パフォーマンスを低下させずにリソースを最適化するように構成を変更したいと考えています。具体的には、CPUとネットワークの使用率に基づいて、EC2の台数を

増減できるようにすることを希望しています。この要件を満たすた
めに使用できるサービスは、次のうちどれですか。（2つ選択）

A　Auto Scaling

B　AWS Step Functions

C　Amazon Simple Notification Service

D　Amazon CloudWatch

E　AWS CloudFormation

# A 解答

### 1　C

EBS最適化についての知識を問う問題です。
問題文から、EC2間で発生している大量の通信が、EC2とファイルが格
納されているEBSとのネットワークに影響を及ぼしていることが原因
だとわかります。「最小限の作業で」と問題文にあるため、**C**が正解に
なります。EBS最適化を有効にすることでEBS専用のネットワーク帯域
が確保されるため、EC2間通信のネットワークと切り離して影響を受
けないようにすることができます。C以外の選択肢はEBSのネットワー
クが改善されないか、最小限の作業ではないため、不正解です。

### 2　D

EC2のリソースを収集してモニタリングするサービスについての知識
を問う問題です。
Aはコンテンツ配信サービス、Bはアプリケーションから発生したイベ
ントデータなどをやり取りするイベントバスサービス、CはAWSで実
行されたAPIログなどを管理するイベント記録サービスであるため、不
正解です。DのCloudWatchを使用すると、EC2からサーバーリソース
を取得することができます。そのため、**D**が正解になります。

**3** A、D

クラウド特有の、負荷に応じて必要最小限のリソースを利用する構成についての知識を問う問題です。

CのAmazon SNSはフルマネージドのメッセージングサービスで、EのAWS CloudFormationはIaC（Infrastructure as Code）でのプロビジョニング自動化サービスであるため、要件を満たしません。BのAWS Step Functionsはステートフルなワークフローサービスで、サーバーの増減には対応していないため、不正解です。DのAmazon CloudWatchはEC2からCPUやネットワーク使用率の収集が可能で、AのAuto Scalingはそれらの使用率に応じてEC2の増減が可能なサービスです。したがって、**A**と**D**が正解になります。

**4-4**

# ストレージサービスにおける
# パフォーマンス

AWSの代表的なストレージサービスであるAmazon EBSを適切に
利用することで、コストを抑えながら、要求されるパフォーマンス
を実現できます。
本節では、EBSのボリュームタイプとユースケースについて説明
します。

## 1 Amazon Elastic Block Store（EBS）

Amazon EBSは、ハイパーバイザー上のOSやアプリケーション、データを
配置する場所として利用されるストレージです。EBSはAmazon EC2インスタ
ンスにアタッチされることで、デバイスとしてインスタンスにマウントされま
す。また、EBSはAmazon RDSのストレージボリュームとしても利用されます。
　以下に、EBSの**ボリュームタイプ**について説明します。

### ●EBSボリュームタイプのスループットとIOPS

　Amazon EBSでは、性能やコストが異なる5種類のボリュームタイプが用意
されており、より性能の高いボリュームタイプを選択することで高パフォーマ
ンスを実現できます。

　たとえば、Amazon EC2やAmazon RDSを利用し、データ格納先としてEBS
を使用している場合、I/Oパフォーマンスが低いために処理が遅いようであれば、
ボリュームタイプを変更することでパフォーマンスを改善できることがありま
す。ただし、パフォーマンスの高いボリュームタイプは応分のコストが必要に
なります。

　HDD（Hard Disk Drive）のほうがSSD（Solid State Drive）よりも低コストで、
ストレージのなかでもIOPS（I/O Operations Per Second）が低いタイプが低コ
ストになります。

　次に、各EBSボリュームタイプの特徴をまとめます。

● **汎用 SSD（General Purpose SSD：gp2 および gp3）**

価格とパフォーマンスのバランスがよいボリュームタイプです。

汎用SSDではgp2とgp3の2つのボリュームタイプが用意されています。gp2とgp3とで大きく異なる点は、ボリュームあたりの最大スループットです。gp2はボリュームサイズ次第で最大250MiB/秒まで増加しますが、gp3ではプロビジョンドIOPS次第で最大1,000MiB/秒まで増加します。

ユースケースとして、仮想デスクトップ、低レイテンシーなアプリケーション、開発・テスト環境などがあげられます。

● **プロビジョンド IOPS SSD（PIOPS SSD：io1 および io2）**

汎用SSDでは対応できないミッションクリティカルなシステムに適した、低レイテンシーかつ高スループットなボリュームタイプです。EBS最適化インスタンスでの起動が推奨されています。io1とio2はボリュームの耐久性に違いがあり、それぞれの年間故障率（AFR：Annual Failure Rate）はio1が0.2％以下、io2は0.001％以下となっています。

ユースケースとして、高スループットが必要なアプリケーション、大規模データベース環境（RDBMSやNoSQL）があげられます。

● **スループット最適化 HDD（st1）**

スループットが高く低コストなHDDです。アクセス頻度が高い用途に適しています。

ユースケースとして、ビッグデータやデータウェアハウス、ログ処理があげられます。

● **コールド HDD（sc1）**

アクセス頻度が低い用途に適したHDDです。

アクセス頻度の低い大量データを保存するストレージに使用されます。

● **マグネティック**

旧世代のボリュームタイプです。アクセス頻度が低い用途に適した旧世代のHDDです。

アクセス頻度の低いワークロード向けに使用されます。

**【EBSボリュームタイプのパフォーマンス特性】（2022年12月時点）**

| 種　類 | ソリッドステートドライブ（SSD） | | | | ハードディスクドライブ（HDD） | |
|---|---|---|---|---|---|---|
| ボリューム<br>タイプ | 汎用SSD<br>（gp2） | 汎用SSD<br>（gp3） | PIOPS SSD<br>（io1） | PIOPS SSD<br>（io2） | スループット<br>最適化HDD<br>（st1） | コールドHDD<br>（sc1） |
| ボリューム<br>サイズ | 1GiB～16TiB | | 4GiB～16TiB | | 125GiB～16TiB | |
| ボリューム<br>あたりの最大<br>IOPS | 16,000[※1] | | 64,000[※3] | | 500 | 250 |
| ボリューム<br>あたりの最大<br>スループット | 250MiB/秒[※1] | 1,000MiB/秒[※2] | 1,000MiB/秒[※3] | | 500MiB/秒 | 250MiB/秒 |

※1　スループットの制限は、ボリュームサイズに応じて128 MiB/秒～250 MiB/秒の間で変動する
※2　スループットの制限は、プロビジョニングされたIOPSに応じて125 MiB/秒～1,000 MiB/秒の間
　　で変動する
※3　通常は最大32,000 IOPSおよび500 MiB/秒を保証。AWS Nitro System上でのみ64,000 IOPS、
　　1,000 MiB/秒となる

**【旧世代EBSボリュームタイプのパフォーマンス特性】（2022年12月時点）**

| 種　類 | ハードディスクドライブ（HDD） |
|---|---|
| ボリュームタイプ | マグネティック |
| ボリュームサイズ | 1GiB～1TiB |
| ボリュームあたりの最大IOPS | 40～200 |
| ボリュームあたりの最大スループット | 40～90MiB/秒 |

試験対策　Amazon EBSの各ボリュームタイプの特徴とユースケースを押さえておきましょう。

参考　Amazon EBSのボリュームタイプ選択時には、IOPS重視であればSSDタイプ、スループット重視で低コストで利用したい場合はHDDタイプを選択するとよいでしょう。

参考　マグネティックは、旧世代のボリュームタイプです。旧世代のボリュームより高パフォーマンスまたはパフォーマンスの安定性が必要な場合は、現行のボリュームタイプの使用を検討しましょう。

1 ある企業では、アプリケーションで使用するデータベースとして、NoSQLデータベースをAmazon EC2上に構築しています。Amazon EBSにはスループット最適化HDD（st1）を使用しています。最近、ストレージのI/O性能が原因の不具合が増えているため、改善したいと考えています。NoSQLデータベースのパフォーマンスを発揮するのに最も適したボリュームタイプは、以下のうちどれですか。

A EBSマグネティックボリューム

B 汎用SSDボリューム（gp2）

C プロビジョンドIOPS SSDボリューム（io2）

D コールドHDD（sc1）

2 ある企業では、汎用SSDボリュームがアタッチされた単一のEC2インスタンス上でアプリケーションが実行されています。利用しているEC2インスタンスは、EBS最適化インスタンスを有効化できるインスタンスタイプです。この環境でAmazon EBSのパフォーマンスが低下した場合に、EBS最適化の有効化に加えてパフォーマンスを向上させる手段として、適切な措置は次のうちどれですか。なお、アプリケーション要件を満たすインスタンスタイプが利用されているものとします。

A 汎用SSDボリュームをプロビジョンドIOPS SSDに変更する

B インスタンスタイプを別のタイプに変更する

C 他リージョンで汎用SSDボリュームを利用する

D 汎用SSDボリュームをマグネティックボリュームに変更する

解答

**1**　C

最適なEBSボリュームタイプを選択する際の知識を問う問題です。

問題文の要件に「ストレージのI/O性能が原因の不具合が増えている」とあるので、I/O性能の高いボリュームタイプを選択する必要があります。これら選択肢のなかで高いI/O性能を期待できるボリュームタイプはCのため、**C**が正解になります。

AとDおよびBは、CほどのI/O性能を発揮することが難しいため不正解です。

**2**　A

EBS最適化インスタンスとAmazon EBSのパフォーマンスに関連する知識を問う問題です。

EBS最適化を有効にすると、EBS用に専用のネットワーク帯域幅が用意されるため、EBSのI/Oやトラフィック競合を最小限に抑えてパフォーマンスを向上させることができます。

問題文に「要件を満たすインスタンスタイプが利用されている」と記載されていることから、Bのインスタンスタイプの変更は不要のため不正解です。

EBSのパフォーマンスを向上させるには、より性能の高いボリュームタイプに変更する必要があるため、**A**が正解です。CおよびDは、汎用SSDボリュームよりもパフォーマンスを向上させられないため不正解になります。

第4章　AWSにおけるパフォーマンス

## 4-5 データベースサービスにおける パフォーマンス

AWSでは複数のデータベースサービスが提供されています。ユース ケースに適したデータベースサービスを利用することで、システム のパフォーマンスを向上させ、最適化することができます。 本節では、パフォーマンスの観点から見たデータベースサービスと、 各サービスのユースケースについて説明します。

### 1 Amazon Relational Database Service（RDS）

**Amazon RDS**は、マネージド型のリレーショナルデータベースサービスで す。RDSのユースケースと特徴は次のとおりです。

### ●RDSのユースケース

リレーショナルデータベース（RDB）はデータを表形式で管理し、表と表の関 係（リレーション）を定義することができます。複数の表でデータを管理するこ とで、複雑なデータの関連性を扱うことが可能になります。

業務システムなど大量のデータを扱う場合は、従来ではリレーショナルデー タベースにデータを格納するのが一般的でした。現在では、NoSQLのデータベー スが台頭してきていますが、依然としてリレーショナルデータベースが各所で 利用されており、企業の基幹システムや情報システムをはじめ多様な分野のシ ステムで使われているデータベースの1つであることに変わりはありません。

Amazon RDSは、そうしたリレーショナルデータベースの機能を必要とする 場合に利用します。

### ●RDSのパフォーマンス

Amazon RDSのパフォーマンスは、主にスペック（インスタンスやストレー ジの種類）とRDS固有の機能である**リードレプリカ**（97ページを参照）によって 高速化することができます。

## 2　Amazon DynamoDB

Amazon DynamoDBは、キーバリュー型のNoSQLデータベースサービスです。DynamoDBのユースケースと特徴は、次のとおりです。

### ●DynamoDBのユースケース

DynamoDBを利用することの大きなメリットの1つは、高い信頼性とパフォーマンスを維持できる点にあります。そのため、**可用性**が求められ、大量データの処理が必要な場合に向いています。たとえば、**モバイルゲーム**や**アドテクノロジー**(広告配信システム)、**IoTでのセンサーデータ**用のデータベース、Webアプリケーションのセッション管理データベース、などで利用できます。

### ●Amazon DynamoDB Accelerator(DAX)

Amazon DAXは、Amazon DynamoDB用のインメモリキャッシュです。

DynamoDBは高性能なデータベースであり、数ミリ秒のレイテンシーで動作しますが、DynamoDBとDAXを一緒に利用することで、1秒あたり100万回単位のリクエストの応答時間を数ミリ秒で処理できるようになります。

たとえば、Amazon EC2上で動作するアプリケーションが頻繁にDynamoDBのデータを参照するような場合、EC2とDynamoDBの間にDAXを配置し、そこにDynamoDBのデータをキャッシュすることで、DynamoDBへのアクセスを低減して、より高速に応答できるようになります。

【DynamoDBとDAXを一緒に利用するイメージ】

### ●Amazon DynamoDB Auto Scaling

データベースにかかる負荷を事前に予測することは困難です。また、その予測できない負荷を想定して、手動でリソースのスケーリングを設計するという方法も現実的ではありません。

**Amazon DynamoDB Auto Scaling**は、DynamoDBへの負荷に応じて書き込みキャパシティや読み込みキャパシティを動的に調節します。これにより、急激な負荷の増減に自動的に対応し、データベースのパフォーマンスを低下させることなく、効率よくコストを抑えることができます。

### ●Amazon DynamoDBグローバルテーブル

DynamoDBグローバルテーブルは、複数リージョンに配置しているデータベーステーブルでデータの整合性を確保するフルマネージド型のソリューションです。

DynamoDBのテーブル作成時にグローバルテーブルを選択し、テーブルを作成したいリージョンを指定するだけで、複数リージョンに同一テーブルを作成することができます。

このテーブルは、リードレプリカのように1つがプライマリテーブルで、そのデータをほかのレプリカテーブルに同期しているわけではありません。すべてのテーブルがプライマリテーブルのため、どのリージョンのテーブルに対してデータ変更をしても、他リージョンのテーブルに対してデータの同期が行われます。

## 3 Amazon Redshift

Amazon Redshiftは、ペタバイト規模のデータを標準SQLで分析可能なマネージド型のデータウェアハウスサービスです。

SQLでデータにアクセスできるという点は一般的なリレーショナルデータベースと同じですが、次のような特徴を備えています。

Oracle DatabaseやMySQL、PostgreSQLなどのRDBは行指向データベースといいます。行指向データベースは、頻繁にデータベースにアクセスして、行単位でデータを追加・更新・削除したり、一部のデータを検索したりすることに適した構造になっています。

ただし、RDBではデータ量が増加すればするほど、応答速度(レスポンス)が低下することが一般的です。たとえば、大量に格納されたレコードの金額をすべて参照して、その合計金額を集計するような処理も遅くなります。これでは、ビッグデータを集計・分析するような処理には利用することができません。

【行指向データベース】

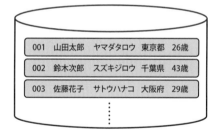

一方、近年に新たなアプローチとして登場したのが**列指向データベース**です。列指向データベースは、データ分析を高速に処理できるように最適化されています。

列単位でデータを扱うため、対象データのある列に格納された値をすべて集計するような処理を高速に実行できます。Redshiftは列指向のアーキテクチャで、データの集計・分析に向いています。

【列指向データベース】

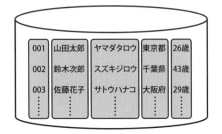

●**Redshiftのユースケース**

Amazon Redshiftは、大量データの保持やデータウェアハウス、BIツールなどによる分析に向いています。

●**Amazon Redshift Concurrency Scaling**

Redshiftは、大量の業務データをBIツールで分析したり、リアルタイムのストリーミングデータを分析する業務で使用されます。このRedshiftへの同時実行クエリが大量に発行されると、処理しきれないクエリはキューに格納され、Redshiftでの処理が可能となるリソースが確保されるまで待機状態になり、待ち時間が発生します。

このような場合の選択肢として登場したのが、**Amazon Redshift Concurrency Scaling**です。この機能を有効にすると、バースト性のある(突発的に負荷が高まる可能性のある)ユースケースが発生したときに、事前に設定した範囲で自動的にスケーリングしてクエリ処理を行います。

## 4　Amazon ElastiCache

Amazon ElastiCacheは、キーバリュー型のNoSQLデータベースサービスです。インメモリデータベースの**Memcached**と**Redis**をデータストアとして利用することができますが、この両者には内容に違いがあります。

それぞれのデータストアの特徴と選択基準は、次のとおりです。

### 【MemcachedとRedisの特徴と選択基準】

| データストア | Memcached | Redis |
|---|---|---|
| 特徴 | ●一時的なデータのキャッシュ用として使用<br>●ノード間の複製は行われない<br>●データベースを別途用意 | ●プライマリ／レプリカ型の構成<br>●データストアとしても利用可能 |
| 選択基準 | ●シンプルなデータ構造が必要<br>●複数のコアまたはスレッドを持つ大きなノードの実行が必要<br>●スケールアウトおよびスケールインの機能が必要<br>●データベースなどのオブジェクトのキャッシュが必要 | ●ハッシュ型やリスト型などの複雑なデータ構造を使用<br>●プライマリノードに障害が発生した場合は、自動的にフェイルオーバーされることが必要<br>●読み取るデータ量が多いため、プライマリノードから複数のリードレプリカに複製<br>●永続性が必要 |

## ●ElastiCacheのユースケース

ElastiCacheは、一般的にRDBのパフォーマンス向上のために利用されます。

RDBでは、データ量の増加やアクセス集中によってレスポンスが遅くなる可能性があるため、クエリの結果をElastiCacheに保存しておき、同じクエリが実行された場合にElastiCacheから結果を返すことで、RDBの負荷低減とシステムのレスポンス向上を実現できます。

たとえば、Webアプリケーションのセッション情報や、データベースに対して頻繁にアクセスするSQLクエリをキャッシュするのに利用します。

MemcachedとRedisの詳細な違いは、以下を参照してください。
https://docs.aws.amazon.com/ja_jp/AmazonElastiCache/latest/mem-ug/SelectEngine.html

第4章　AWSにおけるパフォーマンス

本節で説明したAWSのデータベースサービスの特徴をまとめ、次の比較表に示します。

【各データベースサービスの比較】

| 項目 | サービス | RDS | DynamoDB | Redshift | ElastiCache |
|---|---|---|---|---|---|
| 製品タイプ | RDB | ○ | — | ○ | — |
| | NoSQL | — | ○ | — | ○ |
| 特　徴 | | ● 一般的なRDB<br>● 頻繁なデータ更新、トランザクション処理などに適している<br>● 複雑なSQLを発行してデータを抽出可能 | ● キーバリュー型データ構造<br>● 半構造化データを格納することができる | ● 大容量データの集計、分析を高速に処理できる | ● メモリ上にデータを格納するため高速 |
| 用　途 | | 企業の基幹システム | モバイルゲーム、IoTデータ管理 | BIツールなどでの集計・分析 | データベースのデータキャッシュ |

**演習問題**

**1** ある企業では、毎週BIツールを使用してビジネスレポートを作成しています。BIツールで使用されるデータはオンプレミス環境のサーバー上に格納されていましたが、そのデータをすべてAWSに移行する計画が企画されています。より効率的にデータ分析を行うためのデータ格納ソリューションは、次のうちどれですか。

    A    Amazon RDS

    B    Amazon DynamoDB

    C    Amazon Redshift

    D    Amazon Aurora

**2** ある企業のアプリケーションチームは、スケーラブルなWebアプリケーションを設計しており、ユーザーセッション情報を管理するサービスを検討しています。これらの要件を満たすことができるサービスは、次のうちどれですか。(2つ選択)

    A    Amazon Redshift

    B    Amazon RDS

    C    Amazon ElastiCache

    D    Amazon DynamoDB

**3** ある企業が提供しているコンシューマー向けのアプリケーションでは、ユーザー情報の管理にAmazon DynamoDBを使用しています。組織の方針で、今後は他のリージョンでもアプリケーションを展開することになり、そのためのソリューションを検討する必要があります。最小の労力でAmazon DynamoDBのデータを展開し同期するには、次のうちどの方法が適切ですか。

    A    現在のDynamoDBのバックアップを取得し、各リージョンで復元する

B   各リージョンにDynamoDBテーブルを作成し、現在のDynamoDB
    テーブルとDynamoDB Replication機能で同期する

C   DynamoDBグローバルテーブルを使用して、各リージョンに展
    開する

D   ユーザー情報の管理をDynamoDBからAmazon Auroraに移行し、
    Auroraグローバルテーブルを使用する

# A 解答

## 1 C

Redshiftについての知識を問う問題です。

A、Dは行指向データベースのため、効率のよいデータのクエリには向かないため不正解です。BはRDBではなくNoSQLデータベースで、複雑なリレーションを持つデータには適さないため不正解です。Cの Redshiftは列指向データベースで、分析のために効率よくデータをクエリするのに適しています。したがって、**C**が正解になります。

## 2 C、D

サービスのユースケースについての知識を問う問題です。

選択肢のうち、AとBはRDBまたは分析用途に提供されるデータベースのため、セッション情報を格納し頻繁に読み書きするアプリケーションには向いていません。

CのAmazon ElastiCacheとAmazon DynamoDBはシンプルなデータ構造と頻繁な読み書きに対応したサービスです。したがって、**C**と**D**が正解になります。

## 3 C

DynamoDBのグローバルテーブルについての知識を問う問題です。

Aは別のリージョンへの展開までは可能ですが、データ同期はできないため不正解です。BはDynamoDB Replicationという機能はないため不正解です。

Cは最小限の労力でデータを展開、同期できる構成です。

Dは移行に時間がかかりすぎるため不正解です。したがって、**C**が正解になります。

## AWS認定試験の全冠と学習観点

2022年12月現在、AWSの認定試験は全部で12種類が存在しており、基礎レベルから専門レベルまで幅広いAWSの知識が求められる構成になっています。

これらの資格を取得した人は、棋士のタイトルホルダーのように「○冠」と呼ばれ、なかでもすべてのAWS認定資格を取得した人は「全冠」と呼ばれています。

AWSでは、パートナー企業に所属する全冠取得者を表彰しており、2020年は14名、2021年は91名、2022年は340名が表彰されています。これらの取得者以外にも、取得を申請していない人やパートナー企業に所属していない受験者もいるため、実際にはさらに多くの全冠取得者がいると思われます。

もし、あなたが全冠を目指そうとした場合、おそらく各AWS資格について、まず調べるのではないでしょうか。現在では、AWS認定試験の学習方法は多岐にわたり、AWS公式ドキュメントや本書のような資格試験の対策書籍など、さまざまな方法が選択できます。最適な学習方法は人によって異なるため、これをやれば全冠制覇できるという特定の方法はありませんが、学習に際して意識しておくと良い観点はあります。

個人的には「AWSが推奨している設計（ベストプラクティス）を理解しながら学習する」ことが、特に重要だと考えています。AWS認定試験は12種類もあるため、出題されるすべてのAWSサービスの機能を1つずつ覚えるには、相当な時間と労力が必要になります。

そうした個々のAWSサービスの機能を覚えることも重要ですが、「各サービスをどのように使えば推奨の設計にできるのか」を正しく理解することで、各試験に共通した観点だけでなく、実際のAWS上でのシステム設計・構築に必要な知識を身に付ける最短距離になると考えています。

Solutions Architect–Associate

# 第5章

# AWSにおける
# コスト最適化

# AWSにおけるコスト最適化の考え方

AWSをはじめとするクラウドサービスでは、従量課金でITリソースを柔軟に活用できる反面、コストの適切な管理や最適化を行わなければ、想定外の料金になる場合があります。
本節では、AWSにおけるコスト最適化の考え方について説明します。

## 1 クラウドにおけるコスト最適化の重要性

近年、日本においてもクラウドサービスの利用は増加傾向にあります。たとえば、総務省が公表している『令和3年版 情報通信白書』によると、2020年時点で約7割の日本企業が何らかのクラウドサービスを利用しており、導入率は年々増加傾向にあることがわかっています。

その一方で、クラウド利用の増加と比例して、利用コストに関する問題も多く指摘されています。たとえば、Enterprise Management Associates（EMA）の調査によると、クラウドを活用している企業が抱えるクラウド関連の課題のうち、コスト管理に関する項目が最も優先度が高い[1]ことが報告されています。

具体的には、実際にクラウドサービスの利用で課金されている内容のうち、約4〜5割は不用意に使われている、つまりコスト最適化の余地があるということです。

次に示す状況は、クラウドの利用コストが増加する要因の一例です。

・ 仮想マシンやストレージがほとんど使われていない
　　例：約3割の仮想マシンが、実際にはあまり利用されない状況でも起動している

・ 不必要に24時間365日稼働している
　　例：稼働が不要な時間帯でも仮想マシンが起動している

---

[1]　Optimize Cloud Costs Through Governance and Collaboration, EMA Report 2017/03

・適切なスペックのサイジングを割り当てていない

例：オーバースペックなサイズのまま仮想マシンを稼働させている

・割引オプションを利用していない

例：仮想マシンの割引オプションを有効活用できていない

## 2 AWSにおけるコスト最適化の指針

では、AWSではどのようにコスト最適化に取り組むべきでしょうか。

**AWS Well-Architected**フレームワークの**コスト最適化**の柱では、コストを最小限に抑えるための指針として、次に示す5つの設計原則が掲げられています。

### ●必要なリソースを必要なときに必要な分だけ利用する

従来のオンプレミス環境では、あらかじめ想定された量のトラフィックを処理できるように、将来を見据えて余裕を持ったスペックのサーバーを購入・構築するため、初期費用がかさんでいました。

一方でクラウド環境では、「必要に応じてリソースを柔軟に拡張」できるため、最初は必要なリソースに合わせてスモールスタートの環境を構築し、将来的にはビジネスの拡大に合わせて環境を増築することで、コスト抑制が可能です。

また、「使った分だけ課金」されるため、たとえば、夜間など「開発環境やテスト環境を利用していない時間帯は仮想マシンを停止する」といった運用を行うことで、コストを削減できます。

### ●全体的なコスト効果を測定する

ビジネスから生まれる成果や価値と、それに費やしたクラウドのコストの両面を測定しながら、「ビジネス価値÷コスト」が最大化するようなコスト最適化を行うことが重要です。

たとえば、AWSで利用しているサービスの単なるコスト削減によりビジネス価値が大きくなるのか、あるいは、コストが増大してもAWSサービスの活用を増やすことでビジネスをスピーディに展開し、ビジネス価値が改善するのかなど、単なるコスト削減の視点ではなく、全体的な利用価値・コスト効果の視点から最適化を進めることが重要です。

第5章 AWSにおけるコスト最適化

## ●データセンター運用への投資を不要に

クラウド活用により、企業の競争力に直接影響しないデータセンター内のITインフラ構築・運用(たとえば、サーバーのラッキングなど)はAWSが担当するため、企業は競争力の源泉となるビジネスの推進や開発に集中することができます。

## ●投資効果の要因分析

AWSで利用したITリソースの使用量と、それを使った組織、チーム、プロジェクトが簡単に把握できるため、投資効果(ROI:Return on Investment)を組織やチーム、プロジェクトなどの細かい単位で局所化して把握しながら、問題の要因分析やコスト最適化などの改善が実施できるようになります。

## ●マネージドサービスの活用による所有コストの削減

電子メールやデータベースのサーバーなど、従来では自社で構築・運用していたITインフラをまるごとAWSのマネージドサービスに代替することで、サーバー機器の保有や保守を含めた所有コストが削減できます。

---

| 3 | コスト最適化の4つのベストプラクティス |
|---|---|

AWSには、前項で説明したコスト最適化の指針を具体的に実現する手段として、次に説明する4つのベストプラクティスが提示されています。これらのベストプラクティスを参考にすることで、効果的にコスト最適化を進めることができます。

## ●コスト効果が高いリソースの選定

適切なサイジングを割り当てる、割引オプションを使用する、マネージドサービスを利用するなど、AWSサービスを活用するうえで最もコスト効果の高いリソースの選定方法を説明します。詳細は、次節の「5-2　コスト効果が高いリソースの選定」を参照してください。

## ●ITリソースの需要とAWSサービスの適切な供給によるコスト最適化

AWS Auto Scalingなどを活用し、需要に合わせてAmazon EC2インスタン

スを供給するというように、需要と供給を適切にマッチングさせることでコストを最適化する方法を説明します。詳細は「5-3　需要と供給のマッチングによるコスト最適化」を参照してください。

## ●全体的なコストの管理

コストの深掘り調査やコストを超過した場合の通知方法など、コスト管理全般の方法論を説明します。詳細は「5-4　コストの管理」を参照してください。

## ●継続的なコスト最適化の活動

コストの測定基準や継続的な監視・改善など、コスト最適化のサイクルをどのように進めていくかを説明します。詳細は「5-4　コストの管理」を参照してください。

次節以降から、各ベストプラクティスの内容を説明していきます。AWSにおけるコスト最適化の概念(5つの設計原則と4つのベストプラクティス)は、具体的なコスト最適化の手段を理解する前提として重要です。

第5章　AWSにおけるコスト最適化

1　ある企業では、AWS上で構築したシステムが継続的に正しく動作し、かつ必要なときに必要な分だけリソースを利用できるよう、無駄のない全体最適なクラウドアーキテクチャを設計したいと考えています。次のAWS Well-Architectedフレームワークのうち、どのベストプラクティスを指していますか。正しいものを1つ選びなさい。

　　A　パフォーマンス

　　B　コスト最適化

　　C　運用上の優秀性

　　D　セキュリティ

**A** 解答

1　B

AWS Well-Architectedフレームワークでは、「コスト最適化」の柱で、コストを最小限に抑えるための指針として5つの設計原則が掲げられています。
したがって、**B**が正解です。

# 5-2　コスト効果が高いリソースの選定

AWSでは、コスト効果が高い各種のリソースや購入オプションを提供しています。

本節では、どのような種類のリソースや購入オプションが提供されているか、また、コスト最適化の観点からそれらをどのように選定するかを説明します。

## 1　AWSサービスの購入オプション

AWSでは、サービス利用時にさまざまな購入オプションを提供しています。企業がAWSサービスを利用する際には、ビジネス計画やシステム特性に合わせたコスト効果の高い購入オプションを選定することができます。

では、具体的にどのような選択肢があるのでしょうか。

Amazon EC2やAmazon RDS、Amazon Redshiftなど、主に使用した時間に対して課金されるコンピューティングリソースを利用するサービスでは、次の表に示す3つの購入オプションが提供されています。

【AWSにおける購入オプションの一覧】

| 購入オプション | 主な特徴 | 主なサービス |
|---|---|---|
| オンデマンドインスタンス（デフォルト） | 初期費用なしで使用した分だけの従量課金 | Amazon EC2、Amazon RDS、Amazon Redshiftなど |
| リザーブドインスタンス | 長期利用権（1年または3年）による購入割引（最大で75%オフ）がある。 | Amazon EC2、Amazon RDS、Amazon Redshiftなど |
| スポットインスタンス | AWSの余剰リソースを安価に利用（最大で90%オフ）。ただし、強制終了される場合がある。 | Amazon EC2、Amazon EMRなど |

次に、3つのオプションの特徴と選定方法について説明します。

第5章　AWSにおけるコスト最適化

## ●オンデマンドインスタンス（デフォルト）

　Amazon EC2などのインスタンスを利用する場合、標準では**オンデマンドインスタンス**が適用されます。

　オンデマンドインスタンスは、あらかじめ決められた一定レートの料金で使用した時間に対して課金されるため、使用期間（たとえば、1カ月間など）の制約はありません。

　主な用途として、開発・テスト環境のような定時（平日の日中など）の時間帯しか使用しないサーバー群や、キャンペーン時の一時的なWebサイトなどが考えられます。

オンデマンドインスタンスの最新の料金一覧は、AWSのサイト[2]に掲載されています。たとえば、東京リージョンでvCPUが2コア、メモリが8GBのAmazon EC2インスタンス（m5.large）を利用する場合は、1時間あたり0.124ドルです（2022年12月時点）。

Amazon EC2やAmazon EMRなどのサービスでは、秒単位で使用した分が課金されます。ただし、AWSのサービスによって課金単位は異なります。

## ●リザーブドインスタンス

　オンデマンドインスタンスと異なり、あらかじめ決められた使用期間（1年または3年）分を購入することで、最大72％オフの割引価格が適用されます。

　支払い方法は「全額前払い」「一部前払い」「前払いなし」の3種類のオプションから選択できます。ただし、「全額前払い」では、途中で利用をキャンセルしても払い戻しされません。

　リザーブドインスタンスの主な用途としては、最低限必要な台数があらかじめ決まっているWebサーバーやアプリケーションサーバー、また常時起動しておく必要があるデータベースサーバーなどが考えられます。

　Amazon EC2ではリザーブドインスタンスがよく利用され、「Standardタイプ」と「Convertibleタイプ」の2種類が提供されています。

---

※2　https://aws.amazon.com/ec2/pricing/on-demand/

**Standardタイプ**は、リージョンやアベイラビリティーゾーン（AZ）を指定してインスタンスを購入できます。

同じインスタンス構成（ファミリー、OSなど）であれば、購入時に指定したリージョン内またはAZ内でインスタンスの配置を変更できますが、それ以外の場所に変更する場合は手続きが必要になります。

**Convertibleタイプ**は、あらかじめ指定したインスタンス構成（ファミリー、OSなど）に依存せず、柔軟に構成変更（ただし、作成時の価格と同等以上）が可能です。その分だけ割引率は、Standardタイプより低く設定されています。

### ●オンデマンドキャパシティー予約

**オンデマンドキャパシティー予約**は、特定のAZで任意の所要時間だけ起動が必要なEC2インスタンスをあらかじめ予約できる機能です。

これにより、EC2のキャパシティに制約がある場合にオンデマンドで起動できない（キャパシティを取得できない）というリスクを軽減できます。

たとえば、ビジネス要件上、月末処理などのピーク期間があらかじめわかっていてEC2のキャパシティを事前に確保しておきたい場合や、ディザスタリカバリ用途で有事の際でもEC2が起動できるようにキャパシティを確保したい場合など、ある特定の期間・時間にEC2インスタンスを稼働させたい場合に利用します。

以前はこのような特定の期間に限定して稼働したいというユーザーのニーズに応え、AWSでは「スケジュールされたリザーブドインスタンス」の購入オプションを1年または3年のコミットメント期間つきで提供していましたが廃止され、現在ではコミットメント期間なしにいつでも予約可能なオンデマンドキャパシティー予約を提供しています。

第**5**章　AWSにおけるコスト最適化

## ●Savings Plans

Amazon EC2のインスタンスを購入するリザーブドインスタンスに加えて、EC2のインスタンス使用量を購入することで割引が受けられる**Savings Plans**という新しいプランも登場しています。

Savings Plansでは、1年または3年の期間で特定の使用量（USD/時間で測定）を契約すると、オンデマンドインスタンスよりも安価になる料金モデルです。

このプランには、Compute Savings PlansとEC2 Instance Savings Plans、Amazon SageMaker向けのAmazon SageMaker Savings Plansの3種類が用意されています。

### ● Compute Savings Plans

リージョンやインスタンス構成に関係なく、すべてのEC2インスタンスを単位時間あたりの使用量を指定して購入できます。

Amazon EC2だけでなく、AWS LambdaやAWS Fargateも対象に含まれます。

### ● EC2 Instance Savings Plans

リザーブドインスタンスのように、リージョンやインスタンス構成と単位時間あたりの使用量を指定して購入できます。

### ● Amazon SageMaker Savings Plans

Amazon SageMaker向けのSavings Plansです。

## ●スポットインスタンス

　スポットインスタンスは、Amazon EC2の余剰リソースを入札形式で安価に利用する方法で、割引率が最も高い(最高で90％オフ)購入オプションです。

　変動するEC2インスタンスのスポット価格(マーケット価格)に対し、希望の価格で入札します。スポット価格を上回っていればインスタンスが起動し利用できますが、AWS内でインスタンスの需要が高まりスポット価格が高騰して入札価格を上回ると、インスタンスが強制終了されます。

　スポットインスタンスは、処理が中断されても特に支障なく再実行が可能なシステムに適用されます。たとえば、開発環境やメディアのエンコード処理を並列化するために利用されるEC2インスタンス、分析のため分散処理を行うAmazon EMRのタスクノードなどが考えられます。

　**スポットインスタンス**は、必要に応じて「スポットブロック」と「スポットフリート」の2種類のオプションを選択することができます。

　**スポットブロック**は、継続期間を意味します。スポットブロックが設定されたスポットインスタンスでは、インスタンス起動後、設定された時間に対して継続して動作することを保証するオプションとなります(最大6時間まで)。

　割引率は通常のスポットインスタンスよりも低いですが、処理途中における想定外の強制終了を回避できます。

　**スポットフリート**は、あらかじめ指定した性能キャパシティを満たすように、スポットインスタンスを構成するオプションです。

　たとえば、スポット価格の高騰で指定したスポットインスタンスが使用不可になった場合でも、代替構成で全体の性能キャパシティを維持します。

　スポットとリザーブドのインスタンスの違いについて、次にまとめます。
- ・スポットインスタンスは、入札形式で最も安く利用できますが、インスタンスが強制終了されるリスクがあるため、一時的に利用したい用途に適します。
- ・リザーブドインスタンスは、長期的な利用で割引が受けられ、システムの安定・常時稼働が求められる用途に適します。

第**5**章

AWSにおけるコスト最適化

スポットインスタンスの主な適用用途と、強制終了される場合の条件(スポット価格が入札価格を上回る)は重要です。

実際にはインスタンスの強制終了前に、2分間の警告期間が設けられています。この時間内に、インスタンスの状態保存など終了タスクを設定できます。

## 2 リソースの適切なサイジング

　AWSでは、多様なシステム要件やユースケースをサポートするために、大小さまざまなリソースのタイプを提供しています。

　ここでは、Amazon EC2に代表されるインスタンスとAmazon S3に代表されるストレージのサイジングについて説明します。

### ●適切なインスタンスタイプの選定

　Amazon EC2 や Amazon RDS、Amazon Redshift、Amazon OpenSearch Service(旧Amazon Elasticsearch Service)などのサービスでは、**インスタンスタイプ**にさまざまなサイジングの選択肢が提供されています。

　たとえば、EC2ではインスタンスタイプは次のように構成されています。

【インスタンスタイプの構成】

① インスタンスファミリー

　**インスタンスファミリー**とは、EC2などのコンピューティングリソースの利用用途や特性に合わせた、さまざまなサイジングの種類のことです。

　主なインスタンスファミリーは次の表に示すとおりです。

## 【インスタンスファミリーの種類の例】

| インスタンスファミリー | 主な種類 | 特　徴 |
|---|---|---|
| 汎用 | T2、T3、M4、M5 | 一般的なシステム用途に適用可能なバランス型 |
| コンピューティング最適化 | C4、C5 | コスト効果の高いCPU処理に特化 |
| メモリ最適化 | X1e、X1、R5 | 大容量のメモリに特化 |
| 高速コンピューティング | P2、P3、G3、F1 | GPUやFPGAなど高速処理に特化 |
| ストレージ最適化 | H1、I3、D2 | ストレージ容量やI/Oスループット性能に特化 |

② インスタンス世代

　　M4やM5など、種類の表記に付与されている数字は**インスタンス世代**と呼ばれています。数字が大きいほど新しい世代を意味しており、一般的には最新のアーキテクチャが使われているため、高性能かつ安価なケースが多くなります。

同等のサイジングであるm4.largeとm5.large（vCPUが2、メモリが8GB）のオンデマンドインスタンス料金を比較した場合、前者が1時間あたり0.129ドル、後者が1時間あたり0.124ドルと、最新世代のm5のほうが安価（かつ高性能）です。（2022年12月現在）

③ インスタンスサイズ

　　各インスタンスファミリーには、largeやxlarge、2xlargeなどのインスタンスのサイズを示す単語が付与されています。

　　たとえば、c5.4xlargeはコンピューティング最適化のC5インスタンスファミリーで、vCPU数が16個搭載されたサイジングを意味します。

用途に合わせた適切なインスタンスファミリーの選択とインスタンス世代・サイズの変更により、コスト最適化を実現できます。

一般的にvCPU数は、largeが2、xlargeが4、2xlargeが8、4xlargeが16といったように増加していきます。

第**5**章

AWSにおけるコスト最適化

## ●適切なストレージ選定

Amazon EC2だけでなく、Amazon S3やAmazon S3 Glacierに代表されるオブジェクト ストレージサービスや、EC2インスタンスにアタッチして使用するブロック ストレージサービスのAmazon EBSにおいても、コスト最適化を意識した適切なストレージ選定が必要です。

### ● S3 のストレージクラス

S3では、ストレージの利用頻度などの用途に合わせた最適なストレージクラスを選択することで、コスト最適化が可能です。

S3では、用途別に次のようなストレージクラスが提供されています。

① 標準(Standard)

S3では、デフォルトが標準(Standard)クラスになります。標準クラスは、複数箇所にデータを複製することで、99.999999999%(イレブンナイン)の耐久性を実現しています。

② 標準－低頻度アクセス(Standard-Infrequent Access)

標準クラスと同等の耐久性を備え、かつデータの格納コストが標準クラスと比較して安価です。ただし、データの読み出し容量に対しても課金されるため、データへのアクセス頻度が低い場合に適しています。

③ Glacier

主にS3上でのファイルアーカイブに利用されるストレージで、**最も安価**です。耐久性は前述した2クラスと同等です。ただし、データの取り出しに通常は3～5時間を要するため、データを一度保存したあと年に1～2回しかアクセスしないようなバックアップ目的での利用に適しています。

Glacierよりもさらに安価な**Glacier Deep Archive**というクラスも提供されています。このクラスはデータの取り出しに12時間以上を要するため、データ取り出しの緊急度が高くない場合に利用します。

一方で、データを即時に取り出したい場合は、**Glacier Instant Retrieval**というサービスが利用できます。

④ 1ゾーン一低頻度アクセス（One Zone-Infrequent Access）

1つのAZのみにデータを保存します。複数のAZにデータを複製する標準クラスと比較すると、コストを約20％削減できます。

データへのアクセス頻度が低く、高い耐久性を必要とせず、必要に応じてすぐにデータを取り出したい場合に適しています。

⑤ Intelligent-Tiering

S3上に格納したオブジェクトへのアクセス頻度に応じて、コスト最適なストレージ層を自動的に使い分けるタイプです。

具体的には、コスト構造の異なる低頻度と高頻度の2階層のストレージ層があり、オブジェクト別にアクセス頻度に応じてS3が自動的にオブジェクトの階層を移動させることで、コストを自動的に最適化してくれます。30日間アクセスされないオブジェクトは低頻度層に移動し、アクセスされると自動的に高頻度層に移動します。

> **試験対策**
> Amazon S3の5種類のストレージクラスの可用性やアクセス頻度、コスト観点の違いを押さえておきましょう。S3では、可用性やアクセス頻度に応じてストレージクラスを使い分けることでコスト最適化が可能です。また、長期保存向けなど、アクセス頻度が低く取り出しに時間を要してもよい場合は、Glacierが最も安価な選択になります。

### ● EBS のボリュームタイプ

　Amazon EBSは、EC2インスタンスに接続して利用できるブロックレベルのストレージです。OSから見えるストレージボリュームで、アプリケーションやユーザーデータなどを格納します。

　Amazon S3と同様に、EBSにおいても用途に応じて以下の5種類のタイプ（①、②はSSDタイプ、③〜⑤はHDDタイプ）が提供されています。

① 汎用SSD（General Purpose SSD：gp2およびgp3）

EBSのデフォルトのボリュームタイプです。費用対性能比が高く、I/O性能も最大16,000IOPS程度まで利用できます。OSのブート領域や中規模のデータベース用途など、汎用的に利用できるのが特徴です。

② プロビジョンドIOPS SSD（PIOPS SSD：io1およびio2）

最もパフォーマンスの高いタイプのEBSで、最大64,000IOPSまで指定できます。汎用SSDよりも高いI/O性能が求められるケースでの利用、たとえば、大規模データベースなどでの利用が想定されます。なお、このタイプのみストレージ容量だけでなく、指定したIOPS数に対しても課金されるため注意が必要です。

③ スループット最適化HDD（st1）

Amazon EMRによるログ分析など、主にファイルへのシーケンシャルアクセスが多い場合に高いスループットを提供するタイプです。ビッグデータ処理などに向いており、価格もSSDの2タイプと比較して安価です。

④ コールドHDD（sc1）

高いスループットが不要な場合には、より低価格なコールドHDDのタイプも使用できます。ログファイルの保管など、高スループットを求められないバックアップ領域などが主な用途です。

⑤ マグネティック

旧世代のEBSのタイプです。汎用SSDが登場する前はデフォルトのタイプでしたが、現在も利用可能です。

試験対策

プロビジョンドIOPS SSDでは、実際に利用しているストレージ容量に対する課金に加え、IOPS数にも課金されるため、コスト面で注意が必要です。

## Q 演習問題

**1** ある企業では、Amazon EC2上でアプリケーションを運用していま
す。このアプリケーションは24時間365日かつ長期間稼働していて、
常に一定のアクセス負荷があります。コストを最適化するために、
EC2のどの購入オプションを選択すべきでしょうか。

    A　　リザーブドインスタンス

    B　　オンデマンドインスタンス

    C　　スポットインスタンス

    D　　オンデマンドキャパシティー予約

**2** ある企業では、複数のAmazon EC2上でアプリケーションを運用し
ています。このアプリケーションはログ分析の分散バッチ処理を
行っており、EC2が障害などで停止した場合でも単独で再実行でき
るように設計されています。コストを最適化するために、EC2のど
の購入オプションを選択すべきでしょうか。

    A　　リザーブドインスタンス

    B　　オンデマンドインスタンス

    C　　スポットインスタンス

    D　　オンデマンドキャパシティー予約

**3** ある企業では、Amazon EC2のインスタンスサイズがc4.8xlargeで、
I/O処理が多い分析アプリケーションが稼働しています。CPU使用率
が低い場合、コストを最適化しつつ分析アプリケーションのパ
フォーマンスを向上させるには、どうしたらよいでしょうか。

    A　　より小さいサイズでI/O性能が高いc5インスタンスに変更する

    B　　より大きいサイズのc4インスタンスに変更する

    C　　メモリ最適化されたx1eインスタンスに変更する

    D　　Amazon S3のストレージクラスをGlacierに変更する

第 **5** 章
AWSにおけるコスト最適化

**4** ある企業は、500TBのログファイルを保持しています。不定期にログファイルにアクセスする必要があり、通常は30分以内にログデータを取得したいと考えています。次のAmazon S3ストレージクラスのうち、最もコスト効果が高いクラスはどれですか。

A 低冗長化ストレージ

B スタンダード

C 標準－低頻度アクセス

D Glacier（標準データ取り出し）

**5** IOPSに対する課金があるAmazon EBSボリュームタイプは、次のうちどれですか。

A 汎用SSD

B スループット最適化HDD

C コールドHDD

D プロビジョンドIOPS SSD

**6** Amazon EC2上のデータベースサーバーで読み込み、書き込みが頻繁に発生している場合、性能を一定に保つことができ、かつ最もコスト効果の高いAmazon EBSボリュームタイプは、次のうちどれですか。

A コールドHDD

B プロビジョンドIOPS SSD

C スループット最適化HDD

D. 汎用SSD

# A 解答

### 1 A

リザーブドインスタンスは、あらかじめ長期間（1年または3年）の予約
購入を行うことで、オンデマンドインスタンスに比べて大幅な割引価
格（最大で75％オフ）で利用できます。

### 2 C

スポットインスタンスは最も割引率が高い（最大で90％オフ）購入オプ
ションで、中断されても特に支障なく再実行が可能なアプリケーショ
ンに向いています。

### 3 A

CPUスペックは下げることができます。このケースでは、I/O性能が向
上しているインスタンスタイプ（c5）の利用が適切です。

### 4 C

S3の標準－低頻度アクセスのストレージクラスは、標準（Standard）と
比較して安価なデータ格納コストで、低頻度なアクセスの場合にコス
ト効果が高くなります。

### 5 D

プロビジョンドIOPS SSDでは、実際に利用しているストレージ容量に
対する課金に加え、指定したIOPS数に対しても課金されます。

### 6 B

プロビジョンドIOPS SSDは最もI/Oパフォーマンスの高いEBSボリュー
ムタイプで、データベースサーバーなどに利用されます。

第5章 AWSにおけるコスト最適化

# 5-3 需要と供給のマッチングによる コスト最適化

パブリッククラウドのメリットの1つとして、需要に応じてリソースを柔軟かつ迅速に調達・供給できる点があげられます。この特徴を活かした需要と供給のマッチングをAWSサービスで実現することで、無駄なコストの削減が可能になります。

本節では、AWSにおいてリソースの需要と供給をうまくマッチングさせるための手法について説明します。

## 1 需要の変化に応じたITリソースの供給

AWSをはじめとするパブリッククラウドでは、使いたいときにリソースを簡単に調達できます。たとえば、Amazon EC2であれば、AWSマネジメントコンソール上でわずか数分で新しいインスタンスを購入・起動でき、時間課金で利用できます。

しかし、あまり使われていない状況でサービスを利用し続けていると、無駄な料金がかさみます。したがって、需要に即した適切なAWSサービスを利用することも、コスト最適化の観点では重要です。

次項から、需要と供給のマッチングを実現するAWSのサービスをいくつか紹介します。

## 2 ELBとAuto Scalingによる柔軟なリソース供給

Elasticity（伸縮性）という言葉があります。クラウドでは、全世界に設置されたデータセンターに膨大なリソースが配備されており、ユーザーは必要に応じてリソースを取得・拡張・縮小できます。この特性のことを伸縮性と呼んでいます。

AWSをはじめとするクラウドサービスでは、この伸縮性の特性を活かして、

トラフィックなどの需要の増減に応じてリソースを柔軟に増減させることができます。

AWSでは、**AWS Auto Scaling**というサービスを通して、この伸縮性をうまく実現しています。

## ●ELB＋Auto Scalingの組み合わせ方法

AWS Auto Scalingは通常、さまざまなトラフィックを処理するAmazon EC2インスタンスの負荷を分散するためにElastic Load Balancing(ELB)とともに利用され、負荷状況に合わせてEC2インスタンスの増減を制御します。

トラフィック量などの負荷状況に合わせた柔軟な制御を行うため、Amazon CloudWatchの監視メトリクスもあわせて使用します。

ELBとAuto Scalingを組み合わせた拡張方式の詳細については、「3-3　コンピューティングにおける高可用性の実現」を参照してください。

---

| 3 | SQSやKinesisによるバッファリング |
|---|---|

もう1つの手法として、バッファリングで処理を非同期化することで、需要と供給を管理する方法があります。

Auto Scalingの利用は、「発生する需要(負荷)の増減に応じて柔軟にリソースを自動増減すること」が主な目的です。

しかし、必ずしも同期的に処理する必要がない場合は、バッファリングなどの仕組みを利用して需要(負荷)を一時的に蓄積しておき、処理する側の必要に応じた間隔で非同期的に処理を進めるという方法もあります。

AWSでは、バッファリングをAmazon Simple Queue Service(SQS)やAmazon Kinesisで実現できます。

## ●Amazon Simple Queue Service(SQS)

**Amazon SQS**はメッセージキュー(MQ)のマネージドサービスです。

アプリケーション間でメッセージをキューイングすることで、疎結合のアーキテクチャを実現します。たとえば、複数のEC2インスタンスへ非同期に分散処理するケースなどでSQSを活用できます。

第5章 AWSにおけるコスト最適化

【SQSの処理イメージ】

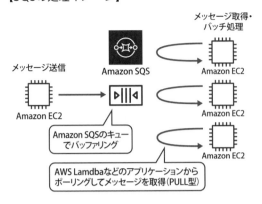

SQSで重要な機能は、主に次の4つです。

## ●標準キューと FIFO キュー

SQSでは2つのタイプのキューを作成することができます。

標準キューでは、キューイングされたメッセージを取り出して処理・配信を行う際の順番が保証されません。このため、処理タイミングによっては、同一のメッセージが2回処理・配信される可能性があります。この特性によって、たとえば、動画のエンコーディング処理など順序性は関係なく並列で行うバッチ処理での利用が考えられます。

これに対して**FIFO(先入れ先出し)キュー**では、メッセージをキューイングした順番で処理・配信することが保証されますが、標準キューより処理性能が若干劣ります。業務上、順序性が重要となるワークフローなどへの適用が想定されます。

## ●ロングポーリング(Long Polling)

通常、SQSキューに対して受信者がメッセージ取得要求(Receive Messageリクエスト)を送ると、キューが空の場合でもEmptyメッセージが返送されます。この方式を**ショートポーリング**と呼びます。SQSはリクエスト単位で課金されるため、空振りが多い場合には、この方式はコストの観点から見ると非効率的です。

**ロングポーリング**では、キューが空の場合にメッセージを取得できるまで待つ時間(1～20秒)を設定することで、メッセージ取得要求の数を減らすことができます。

## ●可視性タイムアウト（Visibility Timeout）

ある受信者がメッセージを取得した場合に、ほかの受信者にはそのメッセージをある一定時間（デフォルトでは30秒）見せないようにすることで、処理の重複を防止したり、リクエスト数を減らすことができます。

【可視性タイムアウトのイメージ】

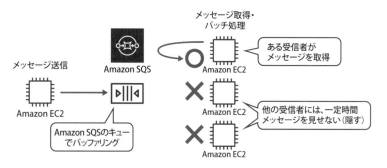

## ●スポットインスタンスとの組み合わせ

可視性タイムアウトとスポットインスタンスを組み合わせることで、さらにコスト効果が高まります。

前述のとおり、スポットインスタンスは最も安価にEC2インスタンスを利用できますが、不意に強制終了される場合もあります。

メッセージ受信のアプリケーションにスポットインスタンスを使用することで、仮にスポットインスタンスが強制終了されたとしても、可視性タイムアウト（デフォルトは30秒）を超過すると自動的にほかの受信者がメッセージを取得できるようになるため、処理の再実行が可能になります。

SQSの機能では、標準キューはメッセージの順番が保証されず、同一メッセージが重複して配信される可能性があること、FIFOキューはメッセージを順番に配信できるが性能が若干劣ること、可視性タイムアウトを設定すると処理の重複を防止できることが、重要なポイントです。

試験対策

Amazon SQSによるバッファリング・非同期処理の特徴、2つのキュー（標準、FIFO）の特徴、可視性タイムアウト設定による処理の重複防止は重要ですので、押さえておきましょう。

## ●Amazon Kinesis

Amazon Kinesisは、主にストリーミングデータの収集、処理、リアルタイム分析に利用されます。

サーバーレスで処理ボリュームに応じて拡張するため、AWS Auto ScalingとAmazon EC2を利用して自前で構築するよりも、簡単かつ低コストでストリームデータのバッファリング処理が可能になります。

なお、SQSとの主な違いは、Kinesisでは複数のコンシューマー(メッセージを取得する側)が同時に同じメッセージを取得して処理できる点にあります。

Kinesis は、主にAmazon Kinesis Data Streams、Amazon Kinesis Data Firehose、Amazon Kinesis Data Analyticsの3サービスで構成されます。

### ● Amazon Kinesis Data Streams

Kinesis Data Streamsは、ストリーミングデータをほぼリアルタイムで収集することができ、収集されたデータは、Amazon EMRやAWS Lambdaなどのサービス上に構築された独自アプリケーションと連携処理することができます。

また、流れてくる大容量のデータを効率的に処理するために、**シャード**と呼ばれる単位でデータを分割して並列処理することができます。

### ● Amazon Kinesis Data Firehose

Kinesis Data Firehoseは、独自にアプリケーションを構築することなく、ストリーミングデータをAWSの各サービス（Amazon S3やAmazon Redshift、Amazon OpenSearch Serviceなど)に簡単に配信・保存できるサービスです。

たとえば、ストリーミングされるデータを分析用データとしてS3やRedshiftに蓄積するケースなどで利用されます。

### ● Amazon Kinesis Data Analytics

Kinesis Data Analyticsは、ストリーミングデータに対してSQLクエリを実行し、リアルタイム分析を行うサービスです。

SQLクエリを利用できるため、たとえば、1分ごとのストリーミングデータの合計値や平均値などを簡単に計算できます。

## 【Kinesis Data Streamsのイメージ】

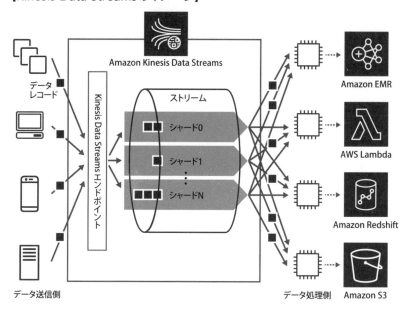

## 【Kinesis Data Firehoseのイメージ】

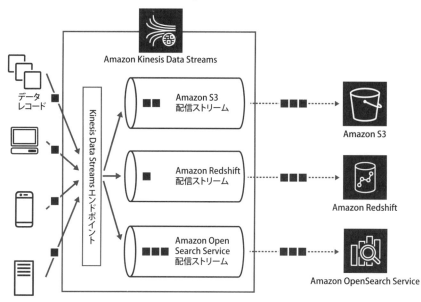

第5章 AWSにおけるコスト最適化

323

試験対策 Kinesisの3つのサービスの違いを押さえておきましょう。それぞれ、ストリーミングデータの収集、保存、分析と役割の違いを理解すると覚えやすくなります。

## Q 演習問題

**1** Amazon SQSの用途として適切な項目は、次のうちどれですか。

A アプリケーションから同期処理でデータを格納するデータベースインフラストラクチャ

B アップロードされたメディアファイルを複数のEC2インスタンスで非同期処理する場合のジョブ制御

C Webアプリケーションのログイン セッションの保存

D リアルタイムでのストリーミングデータ処理

**2** Amazon SQSの機能で、処理の重複を防ぐために利用可能な機能は次のうちどれですか。

A ロングポーリング

B 可視性タイムアウト

C メッセージキュー（MQ）

D バッファリング

**3** ある企業は、ストリーミングデータの処理をAWSで行いたいと考えています。複数の独自アプリケーションから同時に同じストリーミングデータを読み込み、処理する必要がある場合に利用するサービスとして、適切なサービスは次のうちどれですか。

A Amazon SQS

B Amazon Kinesis Data Analytics

C　　Amazon Kinesis Data Streams

D　　Amazon Kinesis Data Firehose

# A 解答

**1** B

------

SQSはメッセージキュー(MQ)により、非同期なアプリケーション処理のインフラストラクチャを提供します。

**2** B

------

SQSの可視性タイムアウト(Visibility Timeout)により、ある受信者がメッセージを取得した場合に、ほかの受信者にはそのメッセージをある一定時間(デフォルトは30秒間)見せないようにすることで、処理の重複を防ぐことができます。

**3** C

------

Amazon Kinesis Data Streamsは、ストリーミングデータをほぼリアルタイムで保存することができ、登録されたデータはAmazon EMRやAWS Lambdaなどのサービス上に構築された独自アプリケーションで処理することができます。また、流れてくる大容量のデータを効率的に処理するために、「シャード」と呼ばれる単位でデータを分割して並列処理を行うことができます。

第**5**章　AWSにおけるコスト最適化

# 5-4 コストの管理

ここまでの節で、AWSにおけるコスト最適化に必要なサービスや手法を説明しました。

本節では、継続的にコスト最適化を実施するうえで必要なコスト管理方法や可視化、レポーティングについて説明します。

## 1 AWSにおけるコスト管理

AWSでは、アカウントごとにサービスを利用した分のコストが発生します。

通常、コストの支払い管理は、アカウントの管理者(たとえば、IT部門など)が行います。しかし、どの程度利用しているかといった利用率の詳細把握や、決められた予算を超過していないかなどの予算実績管理、利用部門へのコスト配賦など、コスト管理で行うべきことは多岐にわたります。

たとえば、次の表に示すタスクに対して、それぞれに対応するAWSサービスを駆使することで、コストを把握・分析・最適化することができます。

【主なコスト管理のタスク】

| タスク | タスク概要 | 主なAWSサービス |
|---|---|---|
| コストの請求・支払い | 複数のAWSアカウントをまとめて支払い管理する | Consolidated Billing(一括請求) |
| コスト状況の詳細把握 | コストとリソース使用量の詳細をレポート・分析する | AWS Cost and Usage Report(コストと使用状況レポート) |
| コストの可視化・傾向分析 | コストの可視化や深掘り分析、将来予測を行う | AWS Cost Explorer |
| 過剰利用の監視 | 予算策定や予算超過のアラートを管理する | AWS Budgets(予算設定) |
| コスト最適化の検討 | コスト最適化の余地があるリソースを分析・改善する | AWS Trusted Advisor |

　前表で説明した代表的なコスト・請求に関わるサービスには、AWS請求コンソールとダッシュボード(Billing and Cost Management Dashboard)からアクセスできます。

　次に、各AWSサービスの概要を説明します。

## 2　Consolidated Billingによる支払い管理

　Consolidated Billing(一括請求)は、複数のAWSアカウントの請求を1つに統合し、まとめて支払いができる機能です。これは、複数のAWSアカウントを一元管理する**AWS Organizations**と呼ばれるサービスの一機能として提供されています。

　この機能を利用することでユーザーは、次に示すような利点が得られます。

- 複数のAWSアカウントのコストが1つの請求書に統合されることによる支払い業務の効率化
- 各AWSアカウント(たとえば、業務部門やIT部門、開発環境や本番環境など)の使用状況を統合的に把握可能
- 複数のAWSアカウントの使用量を統合することで、ボリュームディスカウントによるコスト削減が可能

　次の図に示すように、請求先の**管理アカウント**(Management Account)に対し、**メンバーアカウント**(Linked Account)の請求が統合できます。

【Consolidated Billing(一括請求)のイメージ】

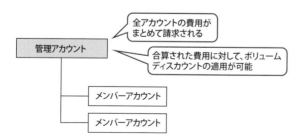

---

## 3 AWS Cost and Usage Reportによる詳細レポート・分析

**AWS Cost and Usage Report**（コストと使用状況レポート）では、AWSのサービスごとのリソース使用状況とコストを時間単位や日次単位で収集し、CSV形式でAmazon S3に保存またはAmazon Redshiftに格納したり、**Amazon QuickSight**で分析・可視化できます。

Consolidated Billingを利用している場合は、管理アカウントのレポートにメンバーアカウントの情報が表示されます。たとえば、このレポートで取得可能な情報には次のような情報があります。

- bill/PayerAccountId：支払いアカウントのAWSアカウントID
  （Consolidated Billingの場合は管理アカウントのID）
- product/ProductName：利用しているAWSサービスの名前
- product/region：AWSサービスのリージョン
- lineItem/UsageAmount：指定した期間に発生したリソース使用量

なお、このレポートでは、オンデマンドインスタンスだけでなくリザーブドインスタンスの利用状況や料金などの情報も取得できるため、定期的に監視・分析することで、リザーブドインスタンスの見直しなど、コスト最適化のための計画が検討できます。

参考

以前はDetailed Billing Report（請求明細レポート）が利用されていましたが、現在は推奨されていません。

## 4　Cost Explorerによるコストの可視化と傾向分析

**AWS Cost Explorer**は、前項の表で説明したAWS Cost and Usage Reportのデータをグラフィカルに可視化したり検索できるサービスです。

たとえば、Amazon EC2のリソース使用量やコストを時系列にグラフ化し、詳細に分析したい場合は、さまざまな条件(サービス別やタグ指定など)や期間を指定してフィルタリング・検索することができます。また、カスタムレポートの作成も可能で、AWSのマネジメントコンソール上でコストをインタラクティブに分析できます。

具体的には、「可視化」「分析」「予測」の3つの機能が提供されています。

### ●可視化

可視化機能では、最長で過去12カ月分のコストデータをグラフ表示できます。あらかじめ次のような可視化グラフが用意されており、簡単に切り替えて表示できます。

- ・Monthly costs by service：サービスごとの月次コスト推移
- ・Monthly costs by linked account：AWSアカウントごとの月次コスト推移
- ・Daily costs：日次コスト推移
- ・Monthly EC2 running costs and usage：月次のEC2使用時間・コスト推移
- ・RI Utilization：リザーブドインスタンスのコスト推移やオンデマンドインスタンスと比較した場合のコスト削減額など

### ●分析

分析機能では、サービスやAWSアカウント、リージョン、アベイラビリティーゾーン(AZ：Availability Zone)、インスタンスタイプ、タグなどの条件でフィルタリングしてコスト表示できます。カスタムレポートの作成も可能です。

### ●予測

予測機能は、可視化や分析だけでなく、過去の使用量のトレンドから今後3カ月間のコストを予測することができます。

試験対策

AWS Cost Explorerの特徴と機能を押さえておきましょう。
Cost Explorerを使用すると、サービスごとの詳細なコスト分析やレポート作成ができます。なお、簡易分析であれば、Billing and Cost Management Dashboard上で、過去2カ月のインスタンスタイプ別のEC2コストなどをグラフ化して参照できます。

参考

実際の現場では、AWSのリソース使用量に応じて部門ごとにコストを配賦したいケースがあります。Cost Explorerで部門を示すタグを定義しておくと、タグでフィルタリングすることで部門ごとのコストを集計できます。

## 5　予算設定による利用超過の監視

AWSでは、Billing and Cost Management Dashboardの**Budgets**から予算を作成することができます。

予算額やリソース使用量をあらかじめ設定し、現在どのくらい消費しているかを確認したり、超過時の通知方法を設定できます。具体的には、次の項目で設定できます。

### ●予算額の設定

コストやリソース使用量などの監視対象を選び、月次や四半期などのタイミングを指定して監視する予算額や使用量を設定します。

### ●通知の設定

設定した予算額を超過しそうな場合、または超過した場合にAmazon CloudWatchアラームやAmazon SNSトピック、メールなどによる通知が可能です。

超過の条件は予算額に対する比率(%)や実際の消費量(金額)より大きい、小さい、等しいなど、さまざまな設定が可能です。

**6**            **Trusted Advisorによるコスト最適化**

　ここまで、コストの詳細把握・可視化と分析・予測・監視などに利用できるAWSサービスを説明しました。

　コスト管理に関連する最後のタスクはコスト最適化です。AWSでは、コスト最適化のヒントを推奨するサービスとして、**AWS Trusted Advisor**が提供されています。

　Trusted Advisorは、AWSのベストプラクティスに基づいて、**コスト最適化**、**セキュリティ**、**耐障害性**、**パフォーマンス**、**サービスの制限**の5項目でユーザーのAWS利用状況をチェックし、改善すべき事項を推奨するサービスです。

　Trusted Advisorのコスト最適化機能では、たとえば、以下の観点からコストを診断できます。

### ●使用率の低いEC2インスタンス

　少なくとも過去14日間、常に稼働しているAmazon EC2インスタンスがあり、1日のCPU使用率が10%以下かつネットワークI/Oが5MB以下である日が4日以上ある場合に、アラートを発報します。

　使用率が低いEC2インスタンスに対して、インスタンス数やインスタンスサイズを調整することでコスト削減が可能です。

### ●EC2リザーブドインスタンスの最適化

　前月の1時間ごとのEC2使用量に基づいて、リザーブドインスタンスの最適数を推奨します。

　推奨されたリザーブドインスタンス数を購入することで、少なくともEC2使用料金の10%が節約できます。

### ●関連付けられていないElastic IPアドレス(EIP)

　稼働中のEC2インスタンスに関連付けられていないAWS Elastic IP(**EIP**)をチェックします。

　EIPに課金が発生するため、EC2インスタンスへ割り当てられていないEIPや、割り当てられていてもEC2インスタンスが停止中の場合には、使用していないEIPを解放することでコストの削減が可能です。

第**5**章 AWSにおけるコスト最適化

331

これ以外にもELBやAmazon EBS、Amazon RDSなどのサービスについても、使用状況などからコスト最適化の診断を行うことができます。

 AWS Trusted Advisorのコスト最適化機能を利用するには、ビジネスまたはエンタープライズレベルのAWSサポートプランを選択している必要があります。

 演習問題

1 ある企業では、AWSサービス別のコストを可視化して分析したいと考えています。最も適切なサービスは、次のうちどれですか。

A Consolidated Billing

B Amazon Athena

C AWS Cost Explorer

D AWS Budgets

 解答

1 C
--------------------------------------------------------------------
AWS Cost Explorerにより、AWSで発生するコストの詳細な可視化や分析が可能です。

**olumn**

### クラウド利用で非機能要件定義は不要になるのか？

　ここまで本書で学習を進めてきた方は、すでにAWSを利用するメリットを十分に実感できていると思います。

　クラウドを利用するメリットの1つとして『サーバーのスペックを容易に短時間で変更できるようになった』ことがあげられます。

　オンプレミス環境でシステム基盤を準備するには、事前に「システムが今後どの程度利用されるか」や「ピーク時の最大負荷」などを十分検討したうえで、システムのスペックを検討する必要がありました。

　というのも、オンプレミス環境のシステムを本番環境で運用し始めてから処理性能が不足した場合、その対応には大きな手間とコストがかかることがあるためです。それがクラウドを利用すると、画面上の操作だけでサーバーやネットワークが準備でき、容易に構築、変更、削除できるわけですから、そのメリットはかなり大きいでしょう。

　では、クラウドを利用するようになると、非機能要件定義が不要になるのでしょうか？　結論からいいますと、非機能要件定義はなくならず、システム構築前の重要な作業として残り続けます。

　クラウド環境ではサーバーやデータベースなどのインスタンスタイプが簡単に変更できるため、事前の設計は楽になりました。ただし、そのシステムに要求される可用性やセキュリティなど、要件によって利用するサービスやインスタンスなどが変わったり、利用料にも違いがあります。

　そのため、システムの設計・構築前に要件定義（非機能要件）を実施した方がよいことに変わりはありません。『システム構築する際の要件定義』について詳しく知りたい場合は、情報処理推進機構(IPA)のサイトなどを参照してみてください。

第5章　AWSにおけるコスト最適化

333

341

## マ行

## ヤ行

## ラ・ワ行

[著者]

## 鳥谷部 昭寛 ／とりやべ あきひろ

クラウド等の先端技術を用いたデジタル戦略立案などのコンサルティング業務に従事。AWSソリューションアーキテクト−プロフェッショナルをはじめ、Microsoft MCSE、Google Cloud Architect Professionalなどのクラウド関連資格を複数保持。趣味はゴルフと筋トレ。

## 宮口 光平 ／みやぐち こうへい

AWSをメインとしたクラウドシステムの業務に携わり、近年はPMOとして活動している。AWSソリューションアーキテクト−プロフェッショナルをはじめ、AWSおよびGoogle Cloudのクラウド認定資格を複数保持。趣味はスイーツを食べること、体験型イベントへの参加、旅行。

## 半田 大樹 ／はんだ だいき

AWSを利用するクラウドシステムの設計構築に従事。主にデータ分析基盤の関連業務に携わる機会が多い。AWS、Google Cloud、Microsoft Azureの認定資格を複数保持し、AWSは2022年12月時点で公開されている全資格を取得している。趣味は今年飼い始めた猫を可愛がること。

STAFF

| | |
|---|---|
| 編集 | 株式会社ソキウス・ジャパン |
| 制作 | 相馬喜代子 |
| 表紙デザイン | 馬見塚意匠室 |
| | 阿部 修（G-Co, Inc.） |
| デスク | 千葉加奈子 |
| 編集長 | 玉巻秀雄 |

■商品に関する問い合わせ先

このたびは弊社商品をご購入いただきありがとうございます。本書の内容などに関するお問い
合わせは、下記のURLまたは二次元バーコードにある問い合わせフォームからお送りください。

## https://book.impress.co.jp/info/

上記フォームがご利用いただけない場合のメールでの問い合わせ先
info@impress.co.jp

※お問い合わせの際は、書名、ISBN、お名前、お電話番号、メールアドレス に加えて、「該当する
ページ」と「具体的なご質問内容」「お使いの動作環境」を必ずご明記ください。なお、本書の範囲
を超えるご質問にはお答えできないのでご了承ください。

● 電話やFAXでのご質問には対応しておりません。また、封書でのお問い合わせは回答までに日数をい
ただく場合があります。あらかじめご了承ください。
● インプレスブックスの本書情報ページ https://book.impress.co.jp/books/1122101088 では、本書
のサポート情報や正誤表・訂正情報などを提供しています。あわせてご確認ください。
● 本書の奥付に記載されている初版発行日から3年が経過した場合、もしくは本書で紹介している製品や
サービスについて提供会社によるサポートが終了した場合はご質問にお答えできない場合があります。

■落丁・乱丁本などの問い合わせ先
FAX 03-6837-5023
service@impress.co.jp
※古書店で購入されたものについてはお取り替えできません。

エーダブリューエス
## 徹底攻略AWS認定
## ソリューションアーキテクト − アソシエイト教科書 第3版 [SAA-C03] 対応

2023年3月11日　初版発行
2023年12月1日　第1版第3刷発行

著　者　鳥谷部 昭寛／宮口 光平／半田 大樹

編　者　株式会社ソキウス・ジャパン

発行人　小川 亨

編集人　高橋 隆志

発行所　株式会社インプレス
　　　　〒101-0051　東京都千代田区神田神保町一丁目105番地
　　　　ホームページ　https://book.impress.co.jp/

印刷所　日経印刷株式会社

ISBN978-4-295-01609-0 C3055

Printed in Japan